ARTIGOS MATEMÁTICOS

Leandro Bertoldo

Artigos Matemáticos
Leandro Bertoldo

Dedico esta obra à minha querida mãe
Anita Leandro Bezerra,
que com grande esforço, sabedoria e esmerada dedicação
foi bem sucedida em educar-me nos caminhos
da honestidade, da responsabilidade e do conhecimento.

Artigos Matemáticos
Leandro Bertoldo

Artigos Matemáticos
Leandro Bertoldo

*Nada é realmente grande,
senão o que é eterno em suas propensões.*

**Ellen Gould White
Escritora, conferencista, conselheira
e educadora norte-americana.
(1827-1915)**

Artigos Matemáticos
Leandro Bertoldo

PREFÁCIO

Os artigos apresentados nesta obra é resultado da intensa atividade intelectual desenvolvida pelo autor como pesquisador nas áreas da Física e da Matemática. Neste livro encontram-se reunidos uma parcela dos artigos matemáticos produzidos pelo autor entre 1978 a 1984, quando ainda era estudante colegial e universitário.

Os artigos estão sendo publicados da forma como foram originalmente produzidos, sem qualquer alteração significativa. É claro que eles não pretendem ser um texto completo sobre o assunto que aborda, mas procura apenas apresentar a tese central defendida pelo autor.

Estes artigos abrangem diversos campos da Matemática. Todos representando idéias, soluções e reflexões originais cogitadas pelo autor, e possuem um certo grau de inovação no mundo da Matemática.

As teses aqui apresentadas foram escritas e demonstradas numa linguagem algébrica elementar. Sendo que em alguns poucos casos, onde eram indispensáveis, os artigos foram ilustrados com gráficos ou figuras geométricas, com o único propósito de facilitar a visualização da tese que o autor defende no artigo considerado. Destarte, o conhecimento de Matemática exigido, para a perfeita compreensão de cada uma das teses defendidas neste livro, corresponde ao programa do Ensino Médio.

A obra que o leitor possui em mãos é constituída por trinta e seis artigos matemáticos, cada qual totalmente independente dos demais. Portanto, os artigos podem ser individualizados e estudados isoladamente.

Aqui o leitor encontrará idéias como: Distribuição de Combinações; Progressão Fatorial Especial; Produtos Invariáveis; Cálculo Variável; Pacotes de Classes Numéricas; Números Virtuais; Propriedades dos Números Primos; Teoria dos Grupos; Legitimação; Cálculo Modular; Modulação; Cálculo Seguimental; Geometria Seguimental.

É esperança do autor que esta obra possa de alguma forma ser útil a todos aqueles que estudam e apreciam a Matemática como um amplo e inesgotável campo de pesquisas científicas.

Leandro Bertoldo
leandrobertoldo@ig.com.br

SUMÁRIO

Artigo I: Cálculo Modular
Artigo II: Modulação
Artigo III: Soma de Uma Progressão
Artigo IV: Progressão Fatorial Especial
Artigo V: Produtos Invariáveis
Artigo VI: Tricais
Artigo VII: Prensão
Artigo VIII: Legitimação
Artigo IX: Diferença Sucessiva Entre Potências
Artigo X: Cálculo Variável
Artigo XI: Pacotes de Classes Numéricas
Artigo XII: Equação Sucessiva
Artigo XIII: Espiral Caracol
Artigo XIV: Números Virtuais
Artigo XV: Determinação do Raio a Partir do Arco
Artigo XVI: Selo na Adição
Artigo XVII: Selo de Multiplicação
Artigo XVIII: Razões Arcométricas
Artigo XIX: Fórmula de Juros Mensais
Artigo XX: Leandronização (I)
Artigo XXI: Arco Quadrilátero
Artigo XXII: Inclusões Geométricas
Artigo XXIII: Propriedades dos Números Primos
Artigo XXIV: Divisibilidade
Artigo XXV: Teoria dos Grupos

Artigo XXVI: Série do Quadrado Perfeito
Artigo XXVII: Série ao Cubo
Artigo XXVIII: Cálculo de Áreas de Algumas Figuras
Artigo XXIX: Valor Bia
Artigo XXX: Distribuição de Combinações
Artigo XXXI: Gráfico Quadriculado (I)
Artigo XXXII: Gráfico Quadricular (II)
Artigo XXXIII: Gráfico Quadricular (III)
Artigo XXXIV: Geometria Estética
Artigo XXXV: Cálculo Seguimental
Artigo XXXVI: Geometria Seguimental
Bibliografia

ARTIGO I

CÁLCULO MODULAR

1. Introdução

O cálculo modular é uma tese altamente científica e poderosa para a solução de vários problemas de engenharia. Verdade é que a generalidade desse cálculo permite sua aplicação nos mais diversos ramos do conhecimento humano.

O cálculo modular que apresento, pode ser considerado como uma importante inovação da matemática, desde o método matemático das fluxões de Newton, que originaria o cálculo diferencial e integral. Essa inovação não é somente caracterizada pelo cálculo em si; mas, pelo método que foi composto.

2. Fi de uma grandeza

Uma definição matemática implica que o "fi" de uma grandeza é a razão entre um valor posterior pelo valor anterior da referida grandeza.

De uma maneira geral, representando a grandeza por **G** e o seu **fi** por ϕG, onde ϕ (**fi**), corresponde à letra maiúscula do alfabeto grego; então, posso escrever que:

ϕG = valor posterior de G/valor anterior de G

Simbolicamente, posso escrever que:

$$\phi G = G_B/G_A$$

Deve-se observar que no presente artigo, a letra grega ϕ indica módulo ou **fi** de uma grandeza desconhecida.

3. Empregos do Cálculo Modular

O cálculo modular de Leandro é largamente empregado na física. Um dos exemplos mais simples é o seu emprego nas grandezas adimensionais, como o coeficiente de atrito; o coeficiente de restituição; certos coeficientes dinamoscópicos e tantos outros.

4. Funções

Quando dois **fis** estão relacionados de modo tal que o valor do primeiro é conhecido quando se expressa o valor da segunda, digo que o primeiro **fi** é uma função do segundo.

5. Grandezas fis e Constantes

Toda grandeza é **fi** quando apresenta um número ilimitado de valores. Já uma grandeza é uma constante, quando apresenta um valor fixo.

Os **fis** são indicados pelas últimas letras do alfabeto e as constantes pelas primeiras.

6. Fis Independentes e Dependentes

Um **fi**, à qual se podem atribuir valores arbitrariamente escolhidos, diz-se **fi** independente. O outro **fi**, cujo valor é determinado quando se dá o valor do **fi** independente, diz-se **fi** dependente ou função.

7. Notação das Funções

O símbolo **f(x)** é usado para indicar uma função de **x**. Para indicar distintas funções, basta simplesmente mudar a primeira letra como em **T(x)**, **d(x)** etc.

8. Intervalo de um Fi

Com uma certa freqüência, emprega-se o símbolo (**a**, **b**) sendo a menor do que **b**, para caracterizar todos os números compreendidos no intervalo **a** e **b**, eles inclusive, a menos que o contrário seja estabelecido.

9. Fi Contínuo

Um **fi x** fia continuamente em um intervalo (**a, b**) quando **x** cresce do valor **a**, para o valor **b**, de tal modo a tomar todos os valores compreendidos entre **a** e **b** na ordem de suas grandezas; ou quando **x** decresce de **x** = **b** para **x** = **a** tomando sucessivamente todos os valores intermediários.

10. Unitésimo

Um **fi v**, que tende a "**um**", digo "unitésimo". E escreve-se:

$$\lim v = 1 \text{ ou } v \to 1$$

Isto significa que os valores sucessivos de **v** se aproximam de **um**.

Se **lim v** = 1, então **lim v/1** = 1, isto é, a razão entre o **fi** e o seu limite é um **unitésimo**.

ARTIGO II

MODULAÇÃO

1. Introdução

Vou investigar o modo pelo qual uma função muda de valor quando o fi independente sofre modulação.

2. Acréscimo Modular

O acréscimo modular de um fi que muda de um valor numérico para outro é a razão entre este segundo valor e o primeiro. Um acréscimo modular de **x** é indicado pelo símbolo ϕx, que se lê "**fi de x**".

Um acréscimo modular pode ser positivo se o **fi** cresce e negativo se decresce. Paralelamente, posso afirmar que:

a - ϕx indica um acréscimo modular de **x**;

b - ϕy indica um acréscimo modular de **y**,

c - ϕf (x) indica um acréscimo modular de **f(x)**;

d - etc.

Se em **y = f(x)** o **fi** independente **x** toma um acréscimo modular ϕx, então ϕy indicará o correspondente acréscimo modular do **fi** dependente **y**.

O acréscimo modular ϕy é, pois, a razão entre o valor que a função toma em **x . ϕx** e o valor da função em **x**.

3. Comparação de Acréscimo Modulares

Primeiramente considere a seguinte função:

$$y = x^2$$

Tomarei um valor inicial para **x** e darei a este valor um acréscimo modular ϕx. Evidentemente **y** receberá um acréscimo modular correspondente ϕy, e tem-se:

$$y \cdot \phi y = (x \cdot \phi x)^2$$

ou

$$y \cdot \phi y = x^2 \cdot \phi x^2$$

Dividindo a referida igualdade por: $y = x^2$, resulta que:

$$y \cdot \phi y / y = x^2 \cdot \phi x^2 / x^2$$

Eliminando os termos em evidência:

$$\phi y = \phi x^2$$

Dessa forma, obtém-se o acréscimo modular ϕy em termos de ϕx. Para achar a diferença entre os acréscimos modulares, subtraem-se ambos os membros da última igualdade por ϕx; tem-se:

$$\phi y - \phi x = \phi x^2 - \phi x$$

4. Taxa de Acréscimos Modulares

Considere uma função contínua e os números reais x_0 e x. A relação:

$$[f(x)/f(x_0)] - (x/x_0)$$

A referida diferença é chamada por "taxa de acréscimo modular" de **f** em x_0 é, está bem definida para todo **x** pertencendo a o intervalo qualquer do corpo dos números reais, diferente de x_0, porém não para $x = x_0$.

5. Modulada de uma Função de um Fi

A definição de modulada, fundamental no cálculo modular é a seguinte: *Modulada de uma função é o limite da diferença do acréscimo modular da função para o acréscimo do fi independente, quando este último tende a um.*

Quando existe o limite mencionado, digo que a função é modulável.

Modulação de uma função:

$$y = f(x)$$

é, pois, o seguinte:

Suponho que x tenha um valor fixo, dá-se a x um acréscimo modular ϕx; então a função y recebe um acréscimo modular ϕy, e se tem:

$$y \cdot \phi y = f(x \cdot \phi x)$$

Ou seja, tendo $y = f(x)$ presente, vem que:

$$\phi y \cdot f(x) = f(x \cdot \phi x)$$

$$\phi y = f(x \cdot \phi x)/f(x)$$

Subtraindo ambos os membros pelo acréscimo modular do fi, ϕx, tem-se que:

$$\phi y - \phi x = [f(x . \phi x) - \phi x]/f(x)$$

Que é a diferença entre os acréscimos modulares ϕy e ϕx. O limite desta diferença quando $\phi x \rightarrow 1$, é, por definição, a modulação de f(x), que indico pelo símbolo $m_y - m_x$. Portanto, pode-se escrever que:

$$m_y - m_x = \lim_{(\phi x \rightarrow 1)} [f(x . \phi x) - \phi x]/f(x)$$

Vem a definir a modulação de **f(x)** em diferenciação a **x**.
Da penúltima relação, obtém-se que:

$$m_y - m_x = \lim_{(\phi x \rightarrow 1)} \phi y - \phi x$$

Semelhantemente, se **u** é uma função de **t**, então:

$$m_u - m_t = \lim_{(\phi x \rightarrow 1)} \phi u - \phi t = \text{modulada de u em relação a t}$$

O processo para se achar a modulação de uma função é denominado por modulação.

6. Símbolos para as Moduladas

Como ϕy e ϕx são números, a diferença é caracterizada por:

$$\phi y - \phi x$$

O símbolo:

$$m_y - m_x$$

Contudo, não representa uma diferença; ela é o valor do limite de $\phi y - \phi x$, quando ϕx **tende a um**. Em uma série de casos o símbolo se comporta como se fosse uma diferença.

Como a modulação de uma função de **x** é também uma função de **x**, o símbolo **f'(x)** é também usado para indiciar a modulação de **f(x)**. Logo, se:

$$y = f(x)$$

Posso escrever que:

$$m_y - m_x = f'(x)$$

Que se diz: *modulação de y em diferença a x igual a f apóstrofo de x*. O símbolo:

$$m - mx \rightarrow$$

É considerado como um todo, chama-se operador de Leandro e indica que uma função escrita à sua direita deve ser modulada em diferença a **x**. Assim,

a) $m_y - m_x$ ou $m - mx \rightarrow y$, indica a modulação de **y** em diferença a **x**;

b) $m - mx \rightarrow f(x)$, indica a modulação de **f(x)** em diferença a **x**;

O símbolo **y'** é uma forma abreviada para caracterizar $m_y - m_x$.

O símbolo Ψ pode ser usado para representa $m - mx \rightarrow$ Portanto, se:

$$y = f(x)$$

Então, posso escrever que:

$$y' = m_y - m_x = m - mx \rightarrow y = m - m_x \rightarrow f(x) = \Psi f(x) = f'(x)$$

Deve-se observar que quando se faz ϕx tender a um, é ϕx, e não **x**, o **fi**. O valor de **x** foi fixado de início. Para pôr em destaque o valor de **x** fixado de início – direi $x = x_0$, escrevo que:

$$f'(x_0) = \lim_{(\phi x \to 1)} [f(x_0 \cdot \phi x) - \phi x]/f(x_0)$$

7. Funções Moduláveis

A teoria dos limites implica que se a modulada de uma função existe e é infinita para um certo valor do fi independente, então a função é contínua para esse valor de fi. Porém, existem funções que são contínuas para um certo valor do fi e, no entanto não são moduláveis para esse valor. Contudo, tais funções, não aparecem com muito muita freqüência.

8. Regra Generalizada de Modulação

Da definição de modulada, vem que o processo para determinar a modulação de uma função $y = f(x)$ consiste em tornar os seguintes procedimentos distintos.

A - Procedimento Primeiro

Substitui-se x por $x \cdot \phi x$ e calcula-se o novo valor da função, $y \cdot \phi y$

B - Procedimento Segundo

Divide-se o dado valor da função do novo valor, achando-se assim ϕy, (que corresponde ao acréscimo modular da função).

C - Procedimento Terceiro

Efetua-se a subtração de ϕy por ϕx

D - Procedimento Quarto

Acha-se o limite da diferença quando ϕx **tende a um**. Este limite é a modulação.

Esse procedimento pode ser denominado por "procedimento ABCD".

ARTIGO III
SOMA DE UMA PROGRESSÃO

1. Primeira Parte

$$S_n = a^0{}_1 + a^1{}_2 + a^2{}_3 + \ldots + a^p{}_n = a_1 \cdot (q^n - 1)/(q - 1)$$

Como $(q = a)$ pode-se escrever:

$$S_n = a^0{}_1 + a^1{}_2 + a^2{}_3 + \ldots + a^p{}_n = a_1 \cdot (na - 1)/(a - 1)$$

Como $(p = n - 1)$, ou seja, $(n = p + 1)$, conclui-se que:

$$S_n = a^0{}_1 + a^1{}_2 + a^2{}_3 + \ldots + a^p{}_n = a_1 \cdot (a^{p+1} - 1)/(a - 1)$$

Como $(a_1 = 1)$, pode-se escrever que:

$$S_n = a^0{}_1 + a^1{}_2 + a^2{}_3 + \ldots + a^p{}_n = (a^{p+1} - 1)/(a - 1)$$

Portanto vem que:

$$S_n = a^0 + a^1 + a^2 + \ldots + a^p = (a^{p+1} - 1)/(a - 1)$$

2. Segunda Parte

Considere agora as seguintes expressões:

$$a^0 + b^0 = 2$$
$$a^1 + b^1 = c^1$$
$$a^2 + b^2 = d^2$$
$$a^3 + b^3 = e^3$$
$$a^4 + b^4 = f^4$$

A soma de todos os termos pode ser expressa por:

$$S = 2 + c^1 + d^2 + e^3 + f^4$$

Portanto, pode-se escrever que:

$$S = a^0 + b^0 + a^1 + b^1 + a^2 + b^2 + a^3 + b^3 + a^4 + b^4 = 2 + c^1 + d^2 + e^3 + f^4$$

Separando convenientemente os termos, pode-se escrever que:

$$S = a^0 + a^1 + a^2 + a^3 + a^4 + b^0 + b^1 + b^2 + b^3 + b^4 = 2 + c^1 + d^2 + e^3 + f^4$$

Como foi demonstrado:

$$S_n = a^0 + a^1 + a^2 + ... + a^p = (a^{p+1} - 1)/(a - 1)$$

Então, substituindo convenientemente as duas últimas expressões e generalizando-as pode-se escrever que:

$$S = 2 + c^1 + d^2 + e^3 + f^4 + \ldots + x^p = [(a^{p+1} - 1)/(a - 1)] + [(b^{p+1} - 1)/(b - 1)]$$

ARTIGO IV
PROGRESSÃO FATORIAL ESPECIAL

1. Definição

Denomino por "progressão fatorial especial" (P_F) uma sucessão de números não nulos (resultado de uma fatorial ordenada) em que o quociente de cada um deles, a partir do segundo, pelo seu antecessor e pela diferença do seu correspondente índice fatorial é sempre o mesmo. Este quociente constante é chamado por *razão da progressão fatorial especial*.

2. Fatorial Ordenada

Defino a fatorial ordenada como sendo o resultado de *n fatorial* caracterizado por uma ordem bem definida através de um trapézio retângulo.
Considere a seguinte ilustração como um exemplo esclarecedor:

$1 \times 2 = a_1$
$1 \times 2 \times 3 = a_2$
$1 \times 2 \times 3 \times 4 = a_3$
$1 \times 2 \times 3 \times 4 \times 5 = a_4$

$1 \times 2 \times 3 \times 4 \times 5 \times 6 = a_5$
$1 \times 2 \times 3 \times 4 \times 5 \times 6 \times 7 = a_6$

Observa-se que os números que compõem o conjunto da fatorial ordenada formam uma figura geométrica denominada por trapézio retângulo.

No exemplo os valores a_1, a_2, a_3, a_4, a_5 e a_6, são os resultados da fatorial ordenada, ou seja, a sucessão de números não nulos.

Evidentemente, tais resultados podem ser generalizados até *n-egésimo* valor:

$$a_1, a_2, a_3, a_4, ..., a_n$$

3. Razão da Progressão Fatorial Especial

De acordo com a definição apresentada, a razão da progressão fatorial especial é caracterizada matematicamente por:

$$q = [(a_2/a_1) - a] = [(a_3/a_2) - 1] = [(a_4/a_6) - 2] = ... = [(a_n/a_{n-1}) - r]$$

4. Índice Fatorial

As grandezas (0, 1, 2, ..., r), são os chamados "índices fatoriais".

5. Fórmula Fatorial do Termo Geral

Toda vez que a seqüência $(a_1, a_2, a_3, a_4, ..., a_n)$ for uma progressão fatorial especial, de razão fatorial q, então, posso escrever que:

$a_2 = a_1 \cdot (q + 0)$
$a_3 = a_2 \cdot (q + 1)$

Substituindo convenientemente as duas últimas expressões, resulta que:

$a_3 = a_1 \cdot (q + 0) \cdot (q + 1)$

Depois, posso escrever que:

$a_4 = a_3 \cdot (q + 2)$

Novamente, substituindo convenientemente as duas últimas expressões, vem que:

$a_4 = a_1 \cdot (q + 0) \cdot (q + 1) \cdot (q + 2)$

Da mesma forma posso escrever que:

$a_5 = a_1 \cdot (q + 0) \cdot (q + 1) \cdot (q + 2) \cdot (q + 3)$
$a_6 = a_1 \cdot (q + 0) \cdot (q + 1) \cdot (q + 2) \cdot (q + 3) \cdot (q + 4)$

Generalizando os referidos resultados, posso escrever que:

$$a_n = a_1 \cdot [q + (n - n)] \cdot \{q + [n - (n - 1)]\} \cdot \{q + [n - (n - 2)]\} \cdot \{q + [n - (n - 3)]\} \cdot \{q + [n - (n - 4)]\} \cdot \ldots \cdot [q + (n - 2)]$$

Tal fórmula representa o desenvolvimento da equação generalizada. Uma outra maneira de apresentar a equação generalizada é a seguinte:

$$a_n = a_1 \cdot (q + 0) \cdot (q + 1) \cdot (q + 2) \cdot (q + 3) \cdot \ldots \cdot (q + r)$$

Observando, para tanto, que em qualquer caso é válida a seguinte igualdade:

$$r = n - 2$$

ARTIGO V
PRODUTOS INVARIÁVEIS

1. Equação Geométrica

a) Considere a seguinte equação geométrica:

$$y = 2^x$$

Tal equação permite obter os seguinte resultados:

$2^0 = 1$
$2^1 = 2$
$2^2 = 4$
$2^3 = 8$
$2^4 = 16$
$2^5 = 32$
$2^6 = 64$

Então, o produto dos referidos valores em ordem crescente por sua ordem decrescente, permite escrever que:

$(1 \times 64) = 64$
$(2 \times 32) = 64$
$(4 \times 16) = 64$
$(8 \times 8) = 64$

(16 x 4) = 64
(32 x 2) = 64
(64 x 1) = 64

b) Considere a seguinte equação geométrica

$$y = 3^x$$

Então, posso escrever que:

$3^0 = 1$
$3^1 = 3$
$3^2 = 9$
$3^3 = 27$
$3^4 = 81$
$3^5 = 243$
$3^6 = 729$

O produto dos referidos valores em ordem crescente por sua ordem decrescente, permite escrever que:

(1 x 729) = 729
(3 x 43) = 729
(9 x 81) = 729
(27 x 27) = 729
(81 x 9) = 729
(243 x 3) = 729
(729 x 1) = 729

c) Considere a seguinte equação geométrica:

$$y = 4^x$$

Então, posso escrever que:

$4^0 = 1$
$4^1 = 4$
$4^2 = 16$
$4^3 = 64$
$4^4 = 256$
$4^5 = 1024$
$4^6 = 4096$

O produto dos referidos valores por sua ordem crescente e decrescente permite escrever que:

(1 x 4096) = 4096
(4 x 1024) = 4096
(16 x 256) = 4096
(64 x 64) = 4096
(256 x 16) = 4096
(1024 x 4) = 4096
(4096 x 1) = 4096

Agora, considere a seguinte seqüência de uma equação geométrica qualquer:

$$(p^0, p^1, p^2, p^3, p^4, ..., p^n)$$

O produto dos referidos valores por sua ordem crescente e decrescente permite escrever que:

$$(p^0 \cdot p^n)$$
$$(p^1 \cdot p^4)$$
$$(p^2 \cdot p^3)$$
$$(p^3 \cdot p^2)$$
$$(p^4 \cdot p^1)$$
$$...$$
$$(p^n \cdot p^0)$$

A soma dos referidos resultados permite afirmar que:

$$(p^0 \cdot p^n) + (p^1 \cdot p^4) + (p^2 \cdot p^3) + (p^3 \cdot p^2) + (p^4 \cdot p^1) + ... + (p^n \cdot p^0) = (n+1) \cdot p^n$$

O produto de tais resultados permite escrever que:

$$(p^0 \cdot p^n) \cdot (p^1 \cdot p^4) \cdot (p^2 \cdot p^3) \cdot (p^3 \cdot p^2) \cdot (p^4 \cdot p^1) \cdot ... \cdot (p^n \cdot p^0) = (p^n)^{(n+1)}$$

Observe a seguinte igualdade:

$$p^0 + p^1 + p^2 + p^3 + p^4 + ... + p^n = p^n/p^0 + p^n/p^1 + p^n/p^2 + p^n/p^3 + p^n/p^4 + ... + p^n/p^n$$

Agora, considere o produto de:

$$S = p^0 \cdot p^1 \cdot p^2 \cdot p^3 \cdot p^4 \cdot \ldots \cdot p^n$$
$$S = p^n \cdot p^4 \cdot p^3 \cdot p^2 \cdot p^1 \cdot \ldots \cdot p^0$$

Então, posso concluir que:

$$S = \begin{bmatrix} p^0 \\ p^n \end{bmatrix} \cdot \begin{bmatrix} p^1 \\ p^4 \end{bmatrix} \cdot \begin{bmatrix} p^2 \\ p^3 \end{bmatrix} \cdot \begin{bmatrix} p^3 \\ p^2 \end{bmatrix} \cdot \begin{bmatrix} p^4 \\ p^1 \end{bmatrix} \cdot \ldots \cdot \begin{bmatrix} p^n \\ p^0 \end{bmatrix}$$

$$S^2 = (p^0 \cdot p^n) \cdot (p^1 \cdot p^4) \cdot (p^2 \cdot p^3) \cdot (p^3 \cdot p^2) \cdot (p^4 \cdot p^1) \cdot \ldots \cdot (p^n \cdot p^0)$$
$$S^2 = p^n \cdot p^n \cdot p^n \cdot p^n \cdot p^n \cdot \ldots \cdot p^n$$
$$S^2 = (p^n)^{(n+1)} \text{ ou seja:}$$
$$S^2 = p^{n \cdot n + n}$$

Assim, posso escrever que:

$$S = p^0 \cdot p^1 \cdot p^2 \cdot p^3 \cdot p^4 \cdot \ldots \cdot p^n = (\sqrt{p^{n \cdot n2 + n}})$$

Apenas por pura curiosidade, apresento ao leitor, a realidade da seguinte expressão:

$$2^n = 2^{n-1} + 2^{n-2} + 2^{n-3} + \ldots + 2^{n-n} + 1$$

Também, apresento as seguintes propriedades:

$$y = w + z$$
$$y - x = (w + z) - x$$
$$y - x = (w - x/2) + (z - x/2)$$

$$y = w + z + s$$
$$y - x = (w + z + s) - x$$
$$y - x = (w - x/3) + (z - x/3) + (s - x/3)$$

$$y = w + z + s + ... + v$$
$$y - x = (w + z + s + ... + v) - x$$
$$y - x = (w - x/n) + (z - x/n) + (s - x/n) + ... + (v - x/n)$$

Onde n, representa o número de termos.

ARTIGO VI

TRICAIS

1. Definição

Proponho os seguintes problemas:

a) $^2\lceil 0,5 \rceil = 2$, pois $2 \perp 2 = 0,5$

Isso me permite escrever a seguinte equivalência:

$$^2\lceil 0,5 \rceil = 2 \Leftrightarrow 2 \perp 2 = 0,5$$

Com isto, estou afirmando que:

$[(2:2):2] = 0,5$ que equivale ao símbolo $2 \perp 2 = 0,5$

b) $^2\lceil 0,33 \rceil = 3$, pois $3 \perp 2 = 0,33$

Isso me permite escrever a seguinte equivalência:

$$^2\lceil 0,33 \rceil = 3 \Leftrightarrow 3 \perp 2 = 0,33$$

Simplesmente, estou afirmando que:

$[(3:3):3] = 0,33$ que é representada por: $3 \perp 2 = 0,33$

Logo, posso afirmar que: Base *n-ésima* de um número real "a", é um número real "b", que ficando à prensa "n" dá como resultado o valor de "a".

A referida definição permite escrever a seguinte equivalência:

$$^n\lceil a \rceil = b \Leftrightarrow b \perp n = a$$

2. Elementos

Indicando:

$^n\lceil a \rceil = b$, denomino:

⌈ ⌉ de Trical
a de tricando
n de elemento da trical
b de base n-ésima de a

Observação: para se fincar uma base indicada a uma prensa, cujo expoente seja igual ao índice da base, basta suprimir o sinal da trical, obtendo como resultado o tricando. Ou seja:

$$^n\lceil a \rceil \perp n = a$$

3. Primeira Propriedade das Tricais

Pode-se verificar que:

$$^n\lceil a \cdot b \rceil = {}^n\lceil a \rceil \cdot {}^n\lceil b \rceil$$

Pela propriedade simétrica da igualdade, posso escrever que:

$$^n\lceil a \rceil \cdot {}^n\lceil b \rceil = {}^n\lceil a \cdot b \rceil$$

4. Segunda Propriedade das Tricais

Se: $^n\lceil a \rceil \perp n = a$
Então: $^n\lceil a \perp n \rceil = a$

Logo, posso escrever que:

$$a = {}^n\lceil a \rceil \perp n = {}^n\lceil a \perp n \rceil$$

5. Terceira Propriedade das Tricais

É possível demonstrar que:

$$^n\lceil a/b \rceil = {}^n\lceil a \rceil / {}^n\lceil b \rceil$$

Pela propriedade simétrica da igualdade, posso escrever que:

$$^n\lceil a \rceil / {^n\lceil b \rceil} = {^n\lceil a/b \rceil}$$

6. Quarta Propriedade das Tricais

Para elevar uma trical a uma potência, eleva-se o tricando a essa potência.

De modo geral: $\qquad ^m(^n\lceil a \rceil) = {^n\lceil a^m \rceil}$

7. Equação de Grau Trical "n"

Denomino por equação de grau trical n com uma variável, toda equação da seguinte forma:

$$a \cdot x \perp 0 + b \cdot x \perp 1 + c \cdot z \perp 2 + d \cdot x \perp 3 + \ldots + y \cdot x \perp n = 0$$

Com a, b, c, d, ..., y $\in$ R e $\neq$ 0.

ARTIGO VII

PRENSÃO

1. Preliminares

Apresento as seguintes questões:

a) $2 \perp 2 = 0{,}5$

Com isto, estou afirmando que:

$2 \perp 2 = [(2 : 2) : 2] = 0{,}5$

b) $4 \perp 2 = 0{,}25$

Com isto, estou dizendo que:

$4 \perp 2 = [(4 : 4) : 4] = 0{,}25$

c) $8 \perp 2 = 0{,}125$

Simplesmente, estou caracterizando que:

$8 \perp 2 = [(8 : 8) : 8] = 0{,}125$

d) $2 \perp 3 = 0{,}25$

Com isto, digo que:

$$2 \perp 3 = \{[(2:2):2]:2\} = 0{,}25$$

Em termos lineares, estou afirmando que fincando dois (2) à prensa três (3) é igual a dois, dividido por dois. Sendo que este primeiro resultado é novamente dividido por dois, e este segundo resultado é novamente dividido por dois tendo como resultado final: 0,25.

2. Definição

Em termos matemáticos defino prensão como sendo um número, dividido por si mesmo um certo número de vezes.

O referido enunciado é expresso simbolicamente por:

$$b = a \perp n$$

3. Elementos

Indicando:

$a \perp n = b$, denomino:

a por base
⊥ por prensa
n por expoente

4. Propriedade da Prensão

Para as prensões que apresentam por base um número real e como expoente um número racional relativo, são perfeitamente válidas as seguintes propriedades:

a) *Primeira Propriedade Prensal*

$$a \perp 0 = a$$

Logo, posso afirmar que qualquer base prensada a zero (**0**), tem como resultado o valor de tal base (**a**).

b) *Segunda Propriedade Prensal*

$$a \perp 1 = 1$$

Desse modo, posso dizer que qualquer base prensada a um (**1**), tem como resultado do expoente um (**1**).

c) Terceira Propriedade Prensal

Pode-se verificar facilmente que o produto entre bases distintas é expressa por:

$$(a \cdot b) \perp n = (a \perp n) \cdot (b \perp n)$$

Pela propriedade simétrica da igualdade, posso afirmar que:

$$(a \perp n) \cdot (b \perp n) = (a \cdot b) \perp n$$

d) Quarta Propriedade Prensal

Pode-se verificar facilmente que o produto entre bases idênticas é expressa por:

$$(a \perp m) \cdot (a \perp n) = a \perp (m + n) - 1$$

Pela propriedade simétrica da igualdade, posso afirmar que:

$$a \perp (m + n) - 1 = (a \perp m) \cdot (a \perp n)$$

e) Quinta Propriedade Prensal

Numa prensão sucessiva, a ordem dos expoentes não altera o resultado.

Logo, posso escrever que:

$$b = a \perp m \perp n = a \perp n \perp m$$

f) *Sexta Propriedade Prensal*

A seguinte igualdade é uma realidade elementar:

$$(a \perp m \perp n + 1) / (a \perp m \perp n + 0) = b_1/b_0 = a \perp m$$

g) *Sétima Propriedade Prensal*

Pode-se verificar que:

$$a \perp m \perp n + 0 = b^1$$
$$a \perp m \perp n + 1 = b^2$$
$$a \perp m \perp n + 2 = b^3$$
$$a \perp m \perp n + 3 = b^4$$
$$a \perp m \perp n + 4 = b^5$$
$$\cdots$$
$$a \perp m \perp n + y = b^{y+1}$$

h) *Oitava Propriedade Prensal*

A soma de prensões com mesmos expoentes e base dois resulta na seguinte igualdade:

$$(2 \perp n) + (2 \perp n) = 2 \perp n - 1$$

5. Equação Equivalente de Leandro

Pode-se demonstrar facilmente que a equação equivalente de Leandro é expressa pela seguinte igualdade:

$$b \perp n = 1/b^{n-1}$$

6. Prensão Sucessiva

Baseada na equação equivalente de Leandro é possível demonstrar que:

$$a \perp m \perp n = a^{(m-1) \cdot (n-1)}$$

Pela propriedade simétrica da igualdade, posso escrever que:

$$a^{(m-1) \cdot (n-1)} = a \perp m \perp n$$

7. Produto Entre Prensões

Pela equação equivalente de Leandro, posso escrever a seguinte igualdade:

$$(b \perp m) \cdot (a \perp n) = 1/b^{m-1} \cdot a^{n-1}$$

Porém, se as bases forem idênticas, resulta que:

$$(a \perp m) \cdot (a \perp n) = a^{(m-1)+(n-1)}$$

8. Soma Entre Prensões

A equação equivalente de Leandro permite escrever que:

$$\Delta = (b \perp m) + (a \perp n)$$

$\Delta = 1/b^{m-1} + 1/a^{n-1}$, portanto, vem que:

$$\Delta = (b^{m-1} + a^{n-1})/(b^{m-1} \cdot a^{n-1})$$

9. Divisão Entre Prensões

Por intermédio da equação equivalente de Leandro, posso escrever que:

$$(b \perp m)/(a \perp n) = (a^{n-1})/(b^{m-1})$$

10. Potência Entre Prensões

É possível demonstrar através da equação equivalente de Leandro que:

$$(a \perp n)^m = 1/a^{(n \cdot m) - m}$$

11. Propriedade Equivalente

Sendo **a > 0** e **n ≥ 2** é válida a seguinte relação:

$$b = {}^n[a] \Leftrightarrow b \perp n = a$$

A igualdade: **b ⊥ n = a**, somente será verdadeira quando: **b = a . b^n**

Logo, posso escrever que:

$$^n[a] = b \Leftrightarrow {}^n[a] = a \cdot b^n$$

12. Equação Notável

A equação notável é representada simbolicamente por:

$$(a + b) \perp n = 1/(a + b)^{n-1}$$

Ou seja, a equação notável é o inverso do binômio de Newton.

ARTIGO VIII

LEGITIMAÇÃO

1. Preliminar

Considere a seguinte expressão:

$$a \perp x = N$$

Sendo que: ("**a**" e "**N**" reais).

a) Se $a = 0$, existe uma variedade de valores reais, não nulos, de x que tornam $N = 0$.

b) Se $a = 1$, existe uma infinidade de valores reais de x que tornam $N = 1$.

c) Se $a \neq 0 \neq 1$, existe para cada valor de **N**, um só valor real de x que observa a expressão apresentada.

Dessa maneira, digo que dados dois números reais e positivos **a** e **N**, o primeiro dos quais difere da unidade, existe um único número real **x**, tal que:

$$a \perp x = N$$

Denomino esse número real **x** de "legitimação do número **N**, na base **a**".

Portanto, o cálculo do número **x** a que se deve prensar o número **a** para obter o número **N** vem a ser a operação inversa da prensão.

2. Definição

Denomino legitimação de um número real positivo **N**, em uma base **a**, positiva e distinta de "um" (**01**), ao expoente real **x**, o qual se deve prensar a base **a** para obter o valor de **N**.

Então, escreve-se que:

$$[a] N = x$$

Posso então apresentar a seguinte igualdade:

$$a \perp [a] N = N$$

3. Sistema de Legitimação [ ]

Sistema de legitimação [ ] é o conjunto de legitimações de todos os números reais positivos diferentes de um (1), que emprega uma base correspondente ao seguinte: **a** = ⊥ **0**, cujas legitimações são denominadas por "elementares".

4. Propriedades

a) Primeira Propriedade

A legitimação de um número **a** em um sistema de base **a** é zero.
De fato:

$a \perp 0 = a$, portanto:

$$[a]\ a = 0$$

b) Segunda Propriedade

A legitimação e um é um, em qualquer sistema.
Realmente:

$a \perp 1 = 1$, logo:

$$[a]\ 1 = 1$$

c) Terceira Propriedade

Todo número positivo apresenta uma legitimação.

5. Operações com Legitimações

Sejam **x** e **y** as legitimações de **A** e **B** na base **a**, ou seja:

$$[a]\ A = x \quad \text{portanto} \quad A = a \perp x$$
$$[a]\ B = y \quad \quad\quad\quad\quad B = a \perp y$$

De acordo com as regras de operações com prensões, tem-se:

a) $a \cdot B = (a \perp x) \cdot (a \perp y) = a \perp (x + y) - 1$

Portanto:

$$[a]\ (A \cdot B) = (x + y) - 1$$

b) $a \cdot B = (a \perp x) \cdot (a \perp y) = 1/a^{(x-1)+(y-1)}$

Portanto:

$$[a]\ (A \cdot B) = [(x - 1) + (y - 1)]^{-1}$$

c) $A/B = (a \perp x)/(a \perp y) = (a^{y-1})/(a^{x-1}) = a^{(y-1)-(x-1)}$

Portanto:

$$[a]\ (A/B) = (y - 1) - (x - 1)$$

d) $A^m = (a \perp x)^m = 1/a^{(x \cdot m) - m}$

Portanto:

$$[a] \, A^m = [(x \cdot m) - m]^{-1}$$

Substituindo **x** e **y** por seus valores, tem-se:

I) $[a] (A \cdot B) = ([a] A + [a] B) - 1$

II) $[a] (A : B) = \{([a] A - 1) + ([a] B - 1)\}^{-1}$

III) $[a] (A : B) = ([a] B - 1) - ([a] A - 1)$

IV) $[a] A^m = \{[a] (A \cdot m) - m\}^{-1}$

6. Variação de Base

Seja um número **N** e sejam **x** e **y** suas legitimações em dois sistemas de bases **a** e **b**, respectivamente.

Se: $[a] N = x$
 $[b] N = y$

Tem-se, pela definição que:

$a \perp x = N$
$b \perp y = N$

Portanto, resulta que:

$$a \perp x = b \perp y$$

Calcularei as legitimações de ambos membros da última igualdade, no sistema de base "a":

$$([a]\, a - 1) \cdot (x - 1) = ([a]\, b - 1) \cdot (y - 1)$$

Portanto, posso escrever que:

$$(y - 1)/(x - 1) = ([a]\, a - 1)/([a]\, b - 1)$$

A referida expressão permite concluir a possível variação de base.

A expressão $([a]\, a - 1) \cdot (x - 1) = ([a]\, b - 1) \cdot (y - 1)$ é facilmente demonstrável, considerando que:

$$[a]\, A = x, \text{ portanto } A = a \perp x$$

De acordo com a regra de operação de prensão, tem-se que:

$$A \perp m \rightarrow a^{(x-1) \cdot (m-1)}$$

Portanto:

$$[a]\,(A \perp m) = (x - 1)\,.\,(m - 1)$$

Substituindo x por seu valor, tem-se:

$$[a]\,(A \perp m) = ([a]\,A - 1)\,.\,(m - 1)$$

7. Ilegitimação

Denomino por ilegitimação de um número à legitimação desse número.
E escreve-se:

$$\Omega N = [N]$$

8. Ilegalização

Chamo por ilegalização de um número à legitimação do inverso desse número.
E escreve-se simbolicamente por:

$$\Delta N = [1]/N$$

Porém, pode-se concluir que:

$$[1]/N = ([1] - 1) - ([N] - 1)$$

Porém: $[1] = 1$

Assim, vem que:

$$[1]/N = (1 - 1) - ([N] - 1)$$

$$[1]/N = - ([N] - 1)$$

Então, posso escrever que:

$$\Delta N = - ([N] - 1)$$

Denominando $([N] - 1)$ por mono de Leandro, cujo símbolo é representado por ϕN, tem-se:

$$[N] - 1 = \phi N$$

Desse modo, posso escrever que:

$$\Delta N = - \phi N$$

Com relação à referida expressão, posso estabelecer que: ilegalização de um número é o simétrico do mono de Leandro desse número.

Da referida conclusão, posso afirmar que subtrair o mono de Leandro de um número é o mesmo que somar a ilegalização desse número.

9. Legitimações Elementares

Legitimações elementares são legitimações pertencentes ao sistema decimal (**base a = 10**).

Representarei: **[10] N** por **[N]**.
Suas principais vantagens são:

a) Primeira Vantagem

Ser facilmente determinado, em virtude do sistema de numeração universalmente adotada ser decimal.

b) Segunda Vantagem

Sendo (**m**) um número inteiro, ([**10**] ⊥ **m**), o número de zeros à esquerda da unidade será representado por:

$$(m-1)$$

Artigos Matemáticos
Leandro Bertoldo

Artigos Matemáticos
Leandro Bertoldo

ARTIGO IX

DIFERENÇA SUCESSIVA ENTRE POTÊNCIAS

1. Introdução

O presente artigo visa simplesmente demonstrar que a diferença entre potências sucessivas sempre resulta num valor constante, desde que subtraída sucessivamente.

2 - Primeiro Exemplo

$$1^1 \quad 2^1 \quad 3^1 \quad 4^1 \quad 5^1 \quad 6^1 \quad 7^1 \quad 8^1 \quad (1)$$
$$1 \quad 2 \quad 3 \quad 4 \quad 5 \quad 6 \quad 7 \quad 8$$
$$1 \quad 1 \quad 1 \quad 1 \quad 1 \quad 1 \quad 1$$

Nesse exemplo a diferença final é o valor numérico "um".

3 - Segundo Exemplo

$$1^2 \quad 2^2 \quad 3^2 \quad 4^2 \quad 5^2 \quad 6^2 \quad 7^2 \quad (1)$$
$$1 \quad 4 \quad 9 \quad 16 \quad 25 \quad 36 \quad 49$$

$$3 \quad 5 \quad 7 \quad 9 \quad 11 \quad 13 \qquad (2)$$
$$\vee\ \vee\ \vee\ \vee\ \vee$$
$$2\ \ 2\ \ 2\ \ 2\ \ 2$$

Nesse exemplo a diferença numérica final é *dois*.

4. Terceiro Exemplo

$$1^3 \quad 2^3 \quad 3^3 \quad 4^3 \quad 5^3 \quad 6^3 \quad 7^3 \quad (1)$$
$$1 \quad 8 \quad 27 \quad 64 \quad 125 \quad 216 \quad 343$$
$$\vee\ \vee\ \vee\ \vee\ \vee\ \vee$$
$$19 \quad 37 \quad 61 \quad 91 \quad 127 \qquad (2)$$
$$\vee\ \vee\ \vee\ \vee\ \vee$$
$$12 \quad 18 \quad 24 \quad 30 \quad 36 \qquad (3)$$
$$\vee\ \vee\ \vee\ \vee$$
$$6 \quad 6 \quad 6 \quad 6$$

Nesse exemplo a diferença numérica final é *seis*.

5. Quarto Exemplo

$$1^4 \quad 2^4 \quad 3^4 \quad 4^4 \quad 5^4 \quad 6^4 \quad 7^4$$
$$1 \quad 16 \quad 81 \quad 256 \quad 625 \quad 1296 \quad 2401$$
$$\vee\ (1)\ \vee\ \vee\ \vee\ \vee$$
$$15 \quad 65 \quad 175 \quad 369 \quad 671 \quad 1105 \qquad (2)$$
$$\vee\ \vee\ \vee\ \vee\ \vee$$

(3) $\underset{\vee}{50}\underset{\vee}{110}\underset{\vee}{194}\underset{\vee}{302}\underset{\vee}{434}$

$\underset{\underset{24\ \ 24\ \ 24}{\vee\ \vee\ \vee}}{60\ \ 84\ \ 108\ \ 132}$ (4)

Nesse exemplo a diferença numérica final é *vinte e quatro*.

6. Quinto Exemplo

(1) $\quad \begin{array}{cccccccc} 1^5 & 2^5 & 3^5 & 4^5 & 5^5 & 6^5 & 7^5 & 8^5 \\ 1 & 32 & 243 & 1024 & 3125 & 7776 & 16807 & 32768 \end{array}$

(2) $\quad 31 \quad 211 \quad 781 \quad 2101 \quad 4651 \quad 9031 \quad 15961$

(3) $\quad 180 \quad 570 \quad 1320 \quad 2550 \quad 4380 \quad 6930$

(4) $\quad 390 \quad 750 \quad 1230 \quad 1830 \quad 2550$

(5) $\quad 360 \quad 480 \quad 600 \quad 720$

$\quad\quad\quad\quad 120 \quad 120 \quad 120$

Nesse exemplo a diferença numérica final é *cento e vinte*.

7. Termo Geral

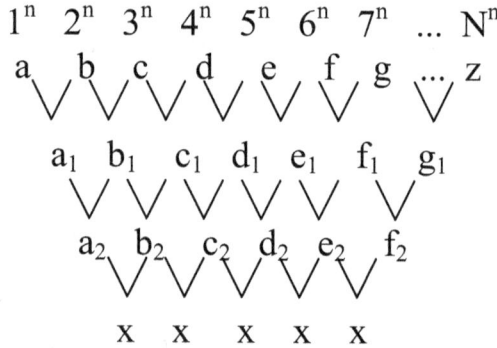

Nesse modelo a diferença algébrica final é *x*.
Nesse modelo tem-se que:

$$1^n = a;\ 2^n = b;\ 3^n = c;\ 4^n = d;\ 5^n = e;\ 6^n = f;\ 7^n = g;\ N^n = z$$

Também se tem que:

$b - a = a_1$	$b_1 - a_1 = a_2$	$b_2 - a_2 = x$
$c - b = b_1$	$c_1 - b_1 = b_2$	$c_2 - b_2 = x$
$d - c = c_1$	$d_1 - c_1 = c_2$	$d_2 - c_2 = x$
$e - d = d_1$	$e_1 - d_1 = d_2$	$e_2 - d_2 = x$
$f - e = e_1$	$f_1 - e_1 = e_2$	$f_2 - e_2 = x$

$g - f = f_1$ $g_1 - f_1 = f_2$
$z - g = g_1$

Onde (a_1) representa a primeira subtração, (a_2) a Segunda subtração, e assim sucessivamente.

8. Fórmula Geral

Nos exemplos anteriores apresentados a chamada diferença final formou uma série tal que:

$$x = 1, 2, 6, 24, 120$$

Se dividirmos o número posterior pelo anterior, obtém-se que:

$$2/1 = 2;\ 6/2 = 3;\ 24/6 = 4;\ 120/24 = 5$$

Os valores obtidos representam a potência (n) na qual as séries foram elevadas. Portanto posso escrever que:
$n_2 \cdot n_1 = 2$
$n_3 \cdot n_2 \cdot n_1 = 6$
$n_4 \cdot n_3 \cdot n_2 \cdot n_1 = 24$
$n_5 \cdot n_4 \cdot n_3 \cdot n_2 \cdot n_1 = 120$

Assim verifica-se que estamos diante de *n fatorial*. Logo se pode escrever que:

$$x = n!$$

Onde a letra (**n**) representa a potência na qual a série foi elevada e a letra (**x**), representa ao que tenho chamado por diferença final da subtração da série.

9. Observações Gerais

1ª – O valor chamado aqui por diferença final na realidade é a razão constante da progressão aritmética, obtida após sucessivas subtrações.

2ª – A última subtração da série inicial caracteriza a sucessão da progressão aritmética, pois a diferença entre cada elemento a partir do segundo e o seu anterior é sempre constante.

3ª – Com relação ao termo geral (8) apresentado no presente artigo pode-se escrever que:

$$f_2 = a_2 + (m - 1) \cdot x$$

Onde (**m**) representa a quantidade de termos numéricos da última subtração.

4ª – A quantidade de termos final de (**x**) é caracterizada pela seguinte igualdade:

$$m_x = N - n$$

5ª – Na primeira subtração a diferença entre potências sucessivas é sempre um número impar. Todas as demais subtrações sucessivas são pares.

6ª – A subtração entre números impares sempre vai resultar em números pares. E a subtração entre números pares sempre vai resultar em números pares.

7ª – Numa sucessão crescente de números elevados à potência, sempre vai ocorrer uma alternância entre números impares e pares, de tal forma que a diferença entre eles resulta em números impares. Isso explica porque a subtração da primeira série é impar e também porque as demais subtrações decorrem em números pares.

Artigos Matemáticos
Leandro Bertoldo

ARTIGO X
CÁLCULO VARIÁVEL

1. Introdução

O presente estudo visa estabelecer algumas definições básicas que possam indicar o modo como uma função muda de valor quando sua variável dependente sofre variações uniformes. Tem por objetivo apresentar um novo método matemático fundamentado dentro do mais estrito rigor para o estudo de funções que variam de forma uniforme.

2. Variação de Uma Função

A variação de uma função ocorre quando existe uma modificação de um valor para outro. Ela é definida como sendo a diferença entre o segundo valor pelo primeiro.
Simbolicamente escreve-se:

$$\Delta x = x_1 - x_0$$

3. Razão Entre Variáveis

Para encontrar a razão entre variáveis deve-se dividir a variável dependente (Δy) pela variável independente (Δx).

Portanto, (Δy) e (Δx) são valores numéricos e a razão entre eles é o quociente de (Δy) por (Δx).
Simbolicamente pode-se escrever que:

$$f(x) = \Delta y / \Delta x$$

4. Variação de Uma Variável

A característica de variação é a seguinte: *Variação de uma variável dependente é a razão da variação da dependente para a variação da variável independente, quando esta última tende a manter-se.*

Logo, quando existe a variação relatada, pode-se afirmar que existe uma variável.

Para ilustrar o que foi afirmado, considere a seguinte variação:

$$c \cdot \Delta x = \Delta y$$

Dando-se um acréscimo (Δy); então (**c**) recebe um acréscimo (Δc), e se obtém:

$$(c + \Delta c) \cdot \Delta x = \Delta y + \Delta y$$

Substituindo convenientemente as duas últimas expressões, pode-se escrever que:

$$(\Delta y/\Delta x + \Delta c) \cdot \Delta x = \Delta y + \Delta y$$

Eliminando os termos em evidência primeiro termo, resulta:

$$\Delta y + \Delta c \cdot \Delta x = 2\Delta y$$

Novamente eliminando os termos em evidência, vem que:

$$\Delta c \cdot \Delta x = \Delta y$$

Ou seja:

$$\Delta c = \Delta y/\Delta x$$

Assim fica apresentada a regra geral de variação.

5. Operador de Variação

Considere o seguinte símbolo:

$$\Delta/\Delta x$$

O referido símbolo deve ser considerado como um todo. Pode perfeitamente ser chamado por operador de variação. Ele indica que toda função expressa à sua direita deve ser variada em relação a (Δx).

6. Exemplo de Operador de Variação

a) A relação $\Delta y/\Delta x$ é expressa por: $\Delta/\Delta x$ **y**, e mostra que a variação de (**y**) deve ocorrer em relação a (Δx).
b) $\Delta/\Delta x$ **f(x)** mostra que a variação de **f(x)** deve ocorrer em relação a (Δx).
 Portanto pode-se escrever que:

$$\Delta y/\Delta x = \Delta/\Delta x\ y = \Delta/\Delta x\ f(x)$$

7. Variável Sucessiva

A razão entre variáveis dependente e independente pode ser também uma função variável de (Δx). Nestas condições, a nova função pode ser variável e neste caso a variável da variável primeira é definida como variável segunda. E da mesma forma a variável da variável segunda é chamada variável terceira e assim por diante. Portanto a variável da variável *(n − 1)-*

egésima pode perfeitamente ser classificada como variável *n-egésima*.

8. Exemplos de Variáveis Sucessivas

a) Considere que $(\Delta y/\Delta x = c)$. Porém se (**c**) variar uniformemente de tal maneira que:

$$\Delta c = c - c_0$$

Obtém-se o seguinte resultado:

$$\Delta/\Delta x \, (\Delta y/\Delta x) = d$$

b) Entretanto, se (**d**) sofrer uma variação uniforme de tal forma que:

$$\Delta d = d - d_0$$

Obtém-se que:

$$\Delta/\Delta x[\Delta/\Delta x \, . \, (\Delta y/\Delta x)] = f$$

9. Símbolos de Variáveis Sucessivas

As variáveis sucessivas podem perfeitamente ser representada pelos seguintes símbolos:

a) $\Delta/\Delta x \, (\Delta y/\Delta x) = \Delta^2 y/\Delta x^2$

b) $\Delta/\Delta x \, (\Delta^2 y/\Delta x^2) = \Delta^3 y/\Delta x^3$

E assim por diante.

O cálculo variável apresentado no presente artigo de forma abreviada é resultado de investigações com problemas da mecânica clássica.

ARTIGO XI
PACOTES DE CLASSES NUMÉRICAS

A) Considere uma grandeza numérica que cresce numa sucessão que tende ao infinito.

Por exemplo: $n_1, n_2, n_3, n_4, n_5, ..., n_n$

Tal valor pode ser um grupo de alunos ou objetos numerados em ordem crescente de n_1 a n_n. Onde $n_1 = 1$, $n_2 = 2$, $n_3 = 3$,..., etc.

B) Considere uma outra grandeza numérica finita e limitada, agrupada numa ordem fixa crescente e invariável. Sendo que eu denominei a referida grandeza por classe (**A**).

Por exemplo: A_1, A_2, A_3
Onde $A_1 = 1, A_2 = 2, A_3 = 3$

C) Considere que a grandeza numérica finita – classes – (A_1, A_2, A_3), acompanhem continuamente a grandeza infinita, e repetem-se sucessivamente na mesma ordem. Sendo que o valor de uma grandeza corresponde de forma biunívoca ao da outra.

Por exemplo:

$n_1, n_2, n_3,\quad n_4, n_5, n_6,\quad n_7, n_8, n_9,\quad n_{10}, n_{11}, n_{12},\quad n_{13}$
$A_1\ A_2\ A_3\quad A_1\ A_2\ A_3\quad A_1\ A_2\ A_3\quad A_1\ A_2\ A_3\quad A_1$

$\qquad$I $\qquad\quad$ II $\qquad\quad$ III $\qquad\quad$ IV $\qquad\quad$ V

D) Considere que cada repetição completa da grandeza finita (classe), se denomina pacote. Logo se torna evidente que o pacote (**I**) se estende de n_1 a n_3; o pacote (**II**) se estende de n_4 a n_6; o pacote (**III**) se estende de n_7 a n_9 e assim sucessivamente. Evidentemente, observa-se que os pacotes são caracterizados por um determinado número de classes, que no exemplo anterior caracteriza três classes (**A_1, A_2, A_3**). Simbolicamente:

$$N^o = 3$$

E) Então para se saber quais os valores de n_1, n_2, n_3,..., n_n, que caracterizam A_1 ou A_2 ou A_3, basta empregar a seguinte equação que apresento a seguir:

$$N = p \cdot N^o + A$$

Onde p = 0, 1, 2, 3, 4, ...
Onde N^o representa o número de classes do pacote.
Onde A representa a classe em particular.

F) Para efeito de exemplo, considere uma escala constituída por quatro classes (A_1, A_2, A_3, A_4), onde dezoito alunos (n_1, n_2, n_3, n_4, n_5, n_6, n_7, n_8, n_9, n_{10}, n_{11}, n_{12}, n_{13}, n_{14}, n_{15}, n_{16}, n_{17}, n_{18}) serão distribuídos.

Então, esquematizando a distribuição de alunos nas classes, posso escrever que:

$$\underbrace{n_1, n_2, n_3, n_4,}_{I} \underbrace{n_5, n_6, n_7, n_8,}_{II} \underbrace{n_9, n_{10}, n_{11}, n_{12},}_{III} \underbrace{n_{13}, n_{14}, n_{15}, n_{16},}_{IV} \underbrace{n_{17}, n_{18}}_{V}$$
$$\underbrace{A_1\ A_2\ A_3\ A_4}\ \underbrace{A_1\ A_2\ A_3\ A_4}\ \underbrace{A_1\ A_2\ A_3\ A_4}\ \underbrace{A_1\ A_2\ A_3\ A_4}\ \underbrace{A_1\ A_2}$$

Então, posso concluir que a classe A_1 recebeu os alunos n_1, n_5, n_9, n_{13} e n_{17}. A classe A_2 recebeu os alunos n_2, n_6, n_{10}, n_{14} e n_{18}. A classe A_3 recebeu os alunos n_3, n_7, n_{11}, e n_{15}. A classe A_4 recebeu os alunos n_4, n_8, n_{12}, n_{16}. Agora, aplicando a equação que apresentei anteriormente, posso concluir que a classe A_1 apresenta:

$$n = p \cdot N^o + A$$
$$1 = 0 \times 4 + 1$$
$$5 = 1 \times 4 + 1$$
$$9 = 2 \times 4 + 1$$
$$13 = 3 \times 4 + 1$$
$$17 = 4 \times 4 + 1$$

Sendo que os referidos resultados estão em perfeito acordo com aqueles que foram obtidos pela esquematização apresentada.

Agora, considere os alunos da classe A_2.

$$n = p \cdot N^o + A$$
$$2 = 0 \times 4 + 2$$
$$6 = 1 \times 4 + 2$$
$$10 = 2 \times 4 + 2$$
$$14 = 3 \times 4 + 2$$
$$18 = 4 \times 4 + 2$$

Sendo que os referidos resultados estão em perfeito acordo com a realidade da questão.

Agora, considere os alunos que ocuparão a classe A_3.

$$n = p \times N^o + A$$
$$3 = 0 \times 4 + 3$$
$$7 = 1 \times 4 + 3$$
$$11 = 2 \times 4 + 3$$
$$15 = 3 \times 4 + 3$$

Sendo que tais resultados estão de acordo com a realidade.

Agora, considere os alunos que ocuparão a classe A_4.

$$n = p \cdot N^o + A$$
$$4 = 0 \times 4 + 4$$
$$8 = 1 \times 4 + 4$$
$$12 = 2 \times 4 + 4$$
$$16 = 3 \times 4 + 4$$

Novamente os referidos resultados estão de acordo com a realidade do problema.

ARTIGO XII
EQUAÇÃO SUCESSIVA

Considere a seguinte igualdade:

$$x - k$$
$$x_1 - n_1$$

Por regra de três simples, posso escrever que:

A) $x_1 = n_1 \cdot x/k$

Agora considere o seguinte:

$$x_1 - k$$
$$x_2 - n_2$$

Por regra de três simples, posso concluir que:

B) $x_2 = x_1 \cdot n_2/k$

Substituindo convenientemente as expressões (a) e (b), obtém-se que:

C) $x_2 = n_1 \cdot n_2 \cdot x/k^2$

Considere o seguinte:

$$x_2 - k$$
$$x_3 - n_3$$

Por regra de três simples direta, posso estabelecer que:

D) $x_3 = x_2 \cdot n_3/k$

Substituindo convenientemente as expressões (c) e (d), posso concluir que:

$$x_3 = n_1 \cdot n_2 \cdot n_3 \cdot x/k^3$$

Generalizando tais sucessões, posso escrever a seguinte equação:

$$x_p = n_1 \cdot n_2 \cdot n_3 \cdot \ldots \cdot n_p \cdot x/k^p$$

Utilizando tais conceitos em porcentagem, tem-se o seguinte:

$$x - 100\%$$
$$x_1 - n_1\%$$

Assim, vem que:

$$x_1 = n_1\% \cdot x/100\%$$

Também, vem que:

$$x_1 - 100\%$$
$$x_2 - n_2\%$$

Ou seja:

$$x_2 = n_2\% \cdot x_1/100\%$$

Portanto, posso escrever que:

$$x_2 = n_1\% \cdot n_2\% \cdot x/(100\%)^2$$

Ao generalizar a referida expressão, obtém-se que:

$$x_p = n_1\% \cdot n_2\% \cdot n_3\% \cdot \ldots \cdot n_p\% \cdot x/(100)^p$$

ARTIGO XIII

ESPIRAL CARACOL

1. Composição

Com um compasso deve-se traçar um semicírculo. A seguir, com a ponta seca numa das extremidades de semicírculo, deve-se abrir o compasso até a outra extremidade desse semicírculo. E a partir dessa extremidade deve-se proceder a descrição de um novo semicírculo, seguindo o sentido de fechamento da curva. Após deve-se repetir novamente todo o processo com o novo semicírculo formado: coloca-se a ponta seca na extremidade do último semicírculo descrito, então se deve abrir o compasso até a outra extremidade onde termina esse último semicírculo e a seguir, procede-se a descrição de um novo semicírculo seguindo o sentido do fechamento da curva. E assim procede-se indefinidamente, tantas vezes quanto se desejar.

O procedimento acima descrito resulta na composição do que tenho chamado de *espiral caracol*.

2. Diâmetro da Espiral Caracol (I)

Descrevendo a figura pode-se constatar que o diâmetro da espiral pode ser calculado em função do tamanho do raio do primeiro semicírculo inscrito na figura, de acordo com a seguinte equação:

$$D = 2 \cdot r$$
$$D = 2 \cdot r_0 + 4 \cdot r_0 + 8 \cdot r_0 + 16 \cdot r_0 + 32 \cdot r_0 + \ldots$$
$$D = r_0 \cdot (2 + 4 + 8 + 16 + 32 + \ldots)$$

Portanto pode-se perceber a existência de uma progressão que cresce com o dobro do número anterior. Desse modo posso escrever que:

$$\mathbf{D = 2^n \cdot r_0}$$

Na referida expressão a letra (**D**) representa o diâmetro total da espiral. A letra (**n**) representa o número de semicírculos que constituem a espiral. A letra (**r_0**) representa o comprimento do raio inicial (raio do primeiro semicírculo).

3. Diâmetro da Espiral Caracol (II)

O diâmetro da espiral pode ser calculado em função do diâmetro do primeiro semicírculo, conforme apresentado na seguinte demonstração:

Sabe-se que o diâmetro é o dobro do raio, então se pode escrever que:

$$D = 2 \cdot r_0 + 2 \cdot (2 \cdot r_0) + 4 \cdot (2 \cdot r_0) + 8 \cdot (2 \cdot r_0) + 16 \cdot (2 \cdot r_0) + \ldots$$

Como:

$$d_0 = 2 \cdot r_0$$

Pode-se escrever que:

$$D = d_0 + 2 \cdot d_0 + 4 \cdot d_0 + 8 \cdot d_0 + 16 \cdot d_0 + 32 \cdot d_0 + \ldots$$
$$D = d_0 \cdot (1 + 2 + 4 + 8 + 16 + 32 + \ldots)$$

Portanto posso concluir que:

$$D = 2^{n-1} \cdot d_0$$

Na referida equação a letra (d_0) representa o comprimento do diâmetro inicial (diâmetro do primeiro semicírculo).

4. Raio da Espiral Caracol

Sabe-se que o raio é a metade do diâmetro. Então fundamentado nas expressões anteriores pode-se escrever que:

1°) $R = D/2$
2°) $R = 2^n \cdot r_0/2$
3°) $R = 2^{n-1} \cdot d_0/2$

5. Comprimento da Espiral Caracol

O comprimento da espiral caracol, evidentemente, é a soma dos semicírculos individuais. Desse modo posso escrever que:

$$C = C_1 + C_2 + C_3 + ... + C_n$$

Sabe-se que o comprimento de um semicírculo é a metade do perímetro de um círculo.
Dessa forma pode-se escrever que:

$$C_s = p/2$$

Também se sabe que o perímetro de um círculo é igual ao valo de *pi* (π) multiplicado pelo diâmetro do círculo.
Simbolicamente pode-se escrever que:

$$p = \pi \cdot d$$

Como o diâmetro (**d**) do círculo é igual ao dobro do valor do raio (**r**), pode-se escrever que:

$$d = 2 \cdot r$$

Substituindo convenientemente a referida expressão com a anterior, obtém-se que:

$$p = \pi \cdot 2 \cdot r$$

Substituindo a referida expressão com a do comprimento do semicírculo, vem que:

$$C_s = 2\pi \cdot r/2$$

Eliminando os termos em evidência, vem que:

$$C_s = \pi \cdot r$$

Também se pode escrever que:

$$C_s = \pi \cdot d/2$$

O comprimento de cada semicírculo que constitui a espiral pode ser apresentado da seguinte maneira:

$$C_1 = \pi \cdot d_0/2 = \pi \cdot (2r_0)/2 = \pi \cdot 2^0 \cdot (2r_0)/2$$

$C_2 = \pi \cdot d_1/2 = \pi \cdot 2 \cdot (2r_0)/2 = \pi \cdot 2^1 \cdot (2r_0)/2$

$C_3 = \pi \cdot d_2/2 = \pi \cdot 4 \cdot (2r_0)/2 = \pi \cdot 2^2 \cdot (2r_0)/2$

$C_4 = \pi \cdot d_3/2 = \pi \cdot 8 \cdot (2r_0)/2 = \pi \cdot 2^3 \cdot (2r_0)/2$

Como o comprimento total da espiral é a soma do comprimento de todos semicírculos que constituem a espiral, pode-se escrever que:

$$C = C_1 + C_2 + C_3 + \ldots + C_n$$

Então, substituindo as últimas expressões, vem que:

$C = \pi \cdot 2^0 \cdot (2r_0)/2 + \pi \cdot 2^1 \cdot (2r_0)/2 + \pi \cdot 2^2 \cdot (2r_0)/2 + \pi \cdot 2^3 \cdot (2r_0)/2 + \ldots$

$C = \pi \cdot (2r_0)/2 \cdot (2^0 + 2^1 + 2^2 + 2^3 + \ldots)$

$C = \pi \cdot (2r_0) \cdot 2^{n-1}/2$

Eliminando os termos em evidência, resulta que:

$$\mathbf{C = \pi \cdot r_0 \cdot 2^{n-1}}$$

Na referida expressão a letra (**C**) representa o comprimento total da espiral caracol. A letra (**r₀**) representa o raio inicial (raio do primeiro semicírculo inscrito). A letra (**n**) representa o número de semicírculos que constituem a espiral.

Também se sabe que o diâmetro é o dobro do raio:

$$d = 2 \cdot r$$

Porém como:

$$C = \pi \cdot 2r_0 \cdot 2^{n-1}/2$$

Podem-se substituir convenientemente as duas últimas expressões, obtendo-se que:

$$C = \pi \cdot d_0 \cdot 2^{n-1}/2$$

Na referida expressão a letra (d_0) representa o diâmetro inicial (diâmetro do primeiro semicírculo inscrito na espiral).

6. Área da Espiral Caracol

Sabe-se que a área de um círculo é expressa por:

$$A = \pi \cdot R^2$$

Então se torna evidente que a área do semicírculo é a metade da área do círculo. Ou seja:

$$a = \pi \cdot R^2/2$$

Analisando a espiral caracol pode-se verificar que a sua área é expressa por:

$$a = a_1 + a_2 + (a_3 - a_1) + (a_4 - a_2) + (a_5 - a_3) + \ldots + (a_n - a_{n-2})$$

Também se pode escrever que:

$$a = a_1 + a_2 + (a_3 - a_{3-2}) + (a_4 - a_{4-2}) + (a_5 - a_{5-2}) + \ldots + (a_n - a_{n-2})$$

Onde a letra (**a**) representa a área de cada semicírculo e o índice ao lado da letra "**a**" representa a identificação do semicírculo.

O raio de cada semicírculo pode ser expresso pela seguinte expressão:

$r_0 = 2 \cdot r_0/2$
$r_1 = 4 \cdot r_0/2$
$r_2 = 8 \cdot r_0/2$
$r_3 = 16 \cdot r_0/2$
$r_4 = 32 \cdot r_0/2$

Portanto a área de cada semicírculo pode ser expressa por:

$a_1 = \pi/2 \cdot (2 \cdot r_0/2)^2 \Rightarrow a_1 = \pi \cdot r_0^2/2 \Rightarrow a_1 = \pi/2 \cdot (2^0 \cdot r_0)^2$
$\Rightarrow a_1 = \pi/2 \cdot (2^{1-1} \cdot r_0)^2$

$a_2 = \pi/2 \cdot (4 \cdot r_0/2)^2 \Rightarrow a_2 = \pi/2 \cdot (2 \cdot r_0)^2 \Rightarrow a_2 = \pi/2 \cdot (2^1 \cdot r_0)^2 \Rightarrow a_2 = \pi/2 \cdot (2^{2-1} \cdot r_0)^2$

$a_3 = \pi/2 \cdot (8 \cdot r_0/2)^2 \Rightarrow a_3 = \pi/2 \cdot (4 \cdot r_0)^2 \Rightarrow a_3 = \pi/2 \cdot (2^2 \cdot r_0)^2 \Rightarrow a_3 = \pi/2 \cdot (2^{3-1} \cdot r_0)^2$

$a_4 = \pi/2 \cdot (16 \cdot r_0/2)^2 \Rightarrow a_4 = \pi/2 \cdot (8 \cdot r_0)^2 \Rightarrow a_4 = \pi/2 \cdot (2^3 \cdot r_0)^2 \Rightarrow a_4 = \pi/2 \cdot (2^{4-1} \cdot r_0)^2$

$a_5 = \pi/2 \cdot (32 \cdot r_0/2)^2 \Rightarrow a_5 = \pi/2 \cdot (16 \cdot r_0)^2 \Rightarrow a_5 = \pi/2 \cdot (2^4 \cdot r_0)^2 \Rightarrow a_5 = \pi/2 \cdot (2^{5-1} \cdot r_0)^2$

Substituindo convenientemente as referidas expressões naquela que estabelece a área da espiral, pode-se escrever que:

$$a = a_1 + a_2 + (a_3 - a_1) + (a_4 - a_2) + (a_5 - a_3) + \ldots + (a_n - a_{n-2})$$

$a = \pi/2 \cdot (2^{1-1} \cdot r_0)^2 + \pi/2 \cdot (2^{2-1} \cdot r_0)^2 + [\pi/2 \cdot (2^{3-1} \cdot r_0)^2 - \pi/2 \cdot (2^{1-1} \cdot r_0)^2] + [\pi/2 \cdot (2^{4-1} \cdot r_0)^2 - \pi/2 \cdot (2^{2-1} \cdot r_0)^2] +$

Artigos Matemáticos
Leandro Bertoldo

$[\pi/2 \cdot (2^{5-1} \cdot r_0)^2 - \pi/2 \cdot (2^{3-1} \cdot r_0)^2] + \ldots + [\pi/2 \cdot (2^{n-1} \cdot r_0)^2 - \pi/2 \cdot (2^{n-3} \cdot r_0)^2]$

Também posso escrever que:

$a = \pi/2 \cdot [(2^{1-1} \cdot r_0)^2 + (2^{2-1} \cdot r_0)^2] + \pi/2 \cdot [(2^{3-1} \cdot r_0)^2 - (2^{1-1} \cdot r_0)^2] + \pi/2 \cdot [(2^{4-1} \cdot r_0)^2 - (2^{2-1} \cdot r_0)^2] + \pi/2 \cdot [(2^{5-1} \cdot r_0)^2 - (2^{3-1} \cdot r_0)^2] + \ldots + \pi/2 \cdot [(2^{n-1} \cdot r_0)^2 - (2^{n-3} \cdot r_0)^2]$

Novamente pode-se escrever que:

$a = \pi/2 \cdot \{[(2^{1-1} \cdot r_0)^2 + (2^{2-1} \cdot r_0)^2] + [(2^{3-1} \cdot r_0)^2 - (2^{1-1} \cdot r_0)^2] + [(2^{4-1} \cdot r_0)^2 - (2^{2-1} \cdot r_0)^2] + [(2^{5-1} \cdot r_0)^2 - (2^{3-1} \cdot r_0)^2] + \ldots + [(2^{n-1} \cdot r_0)^2 - (2^{n-3} \cdot r_0)^2]\}$

Pode-se também escrever que:

$a = \pi/2 \cdot \{[(2^{1-1} \cdot r_0)^2 + (2^{2-1} \cdot r_0)^2] + [(2^{3-1} \cdot r_0)^2 - (2^{3-3} \cdot r_0)^2] + [(2^{4-1} \cdot r_0)^2 - (2^{4-3} \cdot r_0)^2] + [(2^{5-1} \cdot r_0)^2 - (2^{5-3} \cdot r_0)^2] + \ldots + [(2^{n-1} \cdot r_0)^2 - (2^{n-3} \cdot r_0)^2]\}$

ARTIGO XIV

NÚMEROS VIRTUAIS

A equação ($a^2 = y$) indica que a imagem y do número real x^2 está sendo observada sob a óptica do mesmo plano matemático. Entretanto sob tal óptica, a equação ($x^2 = -y$), implica que na natureza não existe número real que seja raiz de índice par, de um número negativo. Tal equação ($x^2 = -y$), somente apresenta uma solução satisfatória, quando se considera que a parte x^2 seja um *número real* e a parte $-y$, um *número virtual*. Portanto, a imagem $-y$ do número real x^2, é observada em relação a um plano real para um plano virtual. Naturalmente para se visualizar tais conceitos são necessários considerar as seguintes definições: Considere um gráfico cartesiano num plano geométrico real; ao colocá-lo em frente de uma superfície refletora retilínea (s), aparece um plano virtual com um gráfico cartesiano virtual. Conforme se pode observar no seguinte esquema:

```
      ↑x'  →x    plano virtual      V
    y'┘
    y↓
  ─────────────────────────────     (s)
    y↑
    y└→
      ↑x   x     plano real         R
```

Desse modo, pode-se concluir que existem as seguintes propriedades:

a) Os números **y'** e **x'** são denominados por números virtuais em relação à superfície refletora;

b) Os números **x** e **y** são denominados de números reais;

c) Logicamente o número real **x** e o número virtual **x'**, são simétrico em relação à superfície refletora plana;

d) O número real e virtual tem natureza contrária: se o número é real, a imagem é virtual e vice-versa, naturalmente em referência aos planos de observação.

Um número complexo jamais deve ser apresentado em um gráfico cartesiano no mesmo plano; porém, em gráfico de planos matemáticos simétricos. Tal negligência vem sendo cometida por todos matemáticos, e isto porque criaram conceitos de plano imaginários com eixo real e imaginário no mesmo gráfico do sistema cartesiano. Tais conceitos estão totalmente contrários à razão matemática; pois a equação $x = y$ ao ser representada no gráfico cartesiano, impede a representação de $x = y_i$ (imaginário), onde naturalmente y_i é o reflexo de **y**, do plano real para o plano virtual.

ARTIGO XV

DETERMINAÇÃO DO RAIO A PARTIR DO ARCO

1. Introdução

O presente método tem por objetivo procurar determinar o centro de um circulo, partindo apenas de um arco inscrito.

Até a determinação do raio da circunferência, que inscreveu o arco em questão, têm-se oito procedimentos.

2. Procedimentos

a) O primeiro procedimento é ter um arco:

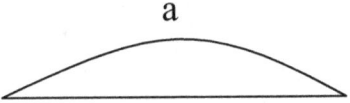

b) O segundo procedimento consiste em inscrever uma corda nas extremidades do arco.

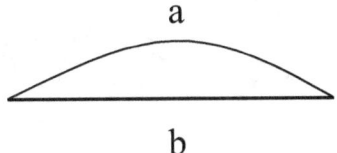

c) O terceiro procedimento consiste em inscrever uma flecha cujas extremidades divide o arco e a corda na metade.

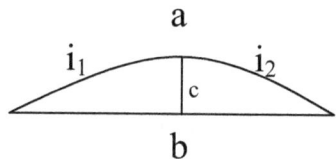

Desse modo obtém-se dois sub-arcos simétricos (i_1 e i_2).

d) O quarto procedimento consiste em inscrever uma corda em um dos sub-arcos.

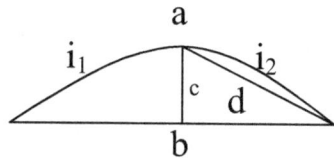

e) O quinto procedimento consiste em inscrever uma corda no outro sub-arco.

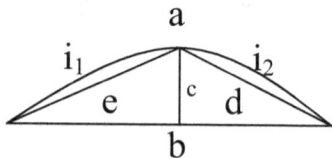

f) Para o sexto e sétimo procedimentos devem-se inscrever uma flecha nos dois sub-arcos. Sendo tal flecha chamada sub-flecha.

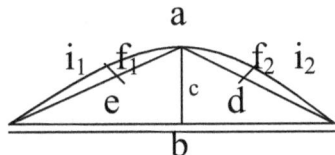

g) Como oitavo e nono procedimentos devem-se prolongar internamente as sub-flechas até se cruzarem, onde se encontra o centro do circulo.

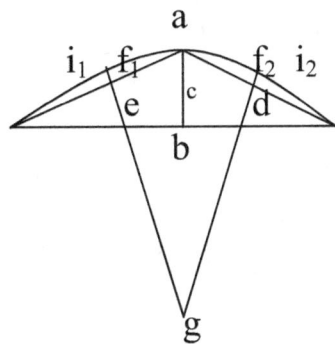

Assim, o prolongamento das sub-flexas, levou ao centro do circulo; e, naturalmente, o valor do comprimento do prolongamento da sub-flecha até seu cruzamento (centro do círculo) é igual ao raio do círculo.

ARTIGO XVI

SELO NA ADIÇÃO

1. Definições

Primeira definição: Todo e qualquer número apresenta uma grandeza intrínseca que chamo por selo.

Segunda definição: O selo de um número pode ser definido por par ou ímpar.

Terceira definição: Defino uma operação entre dois selos, quaisquer que sejam, como carta.

2. Simbolismo

Apresento os seguintes símbolos para representar as grandezas em questão:

a) as letras (x, y e z) representam: um número qualquer;
b) a letra (s) representa: o selo;
c) a letra (p) representa: positivo;
d) a letra (i) representa: negativo;
e) a letra (c) representa: carta;
f) a letra (v) representa: um valor qualquer.

3. Postulados Primários

a) Primeiro Postulado: Um número qualquer com um selo par adicionado com outro número qualquer de selo par, é igual a uma carta de selo par. Simbolicamente:

$$x_{sp} + y_{sp} = C_{sp}$$

b) Segundo Postulado: Um número qualquer com um selo impar, adicionado com outro número qualquer de selo impar, é igual a uma carta de selo par. Simbolicamente:

$$x_{si} + y_{si} = C_{sp}$$

c) Terceiro Postulado: Um número qualquer com um selo impar, adicionado com qualquer outro número de selo par, é igual a uma carta com o selo impar. Simbolicamente:

$$x_{si} + y_{sp} = C_{si}$$

4. Princípio Geral

Generalizando os três últimos postulados posso enunciar o seguinte princípio geral: "A soma entre selos iguais, implica numa carta de selo par". Simbolicamente:

$$S_p + S_p = C_{sp}$$
$$S_i + S_i = C_{sp}$$

"E a soma entre selos diferentes, implica em uma carta de selo impar". Simbolicamente:

$$S_p + S_i = C_{si}$$

5. Postulados Secundários

a) Primeiro Postulado: A somatória entre quaisquer cartas de selos pares tem como resultado um valor de selo par. Simbolicamente:

$$C_{Sp1} + C_{Sp2} + ... + C_{Spn} = V_{Sp}$$

Ou seja:

$$\Sigma C_{Sp} = V_{Sp}$$

Postulado adicional (I): A somatória entre quaisquer cartas de selos pares, adicionadas com um número com selo par, tem como resultado um valor de selo par. Simbolicamente:

$$\Sigma\, C_{Sp} + X_{Sp} = V_{Sp}$$

Postulado adicional (II): A somatória entre quaisquer cartas de selos pares adicionadas com um número com selo impar, tem como resultados um valor de selo impar. Simbolicamente:

$$\Sigma\, C_{Sp} + X_{Si} = V_{Si}$$

Observe que tais postulados são uma conseqüência natural do princípio geral.

b) Segundo Postulado: A somatória entre quaisquer cartas de selos impares tem como resultado um valor de selo par. Simbolicamente:

$$\Sigma\, C_{Si} = V_{Sp}$$

Postulado adicional (I): A somatória entre quaisquer cartas de selos impares, adicionado com um número de selo par, tem como resultado um valor de selo par. Simbolicamente:

$$\Sigma\, C_{Sp} + X_{Sp} = V_{Sp}$$

Postulado adicional (II): A somatória entre quaisquer cartas de selos ímpares, adicionado com um número de selo ímpar, tem como resultado um valor de selo impar. Simbolicamente:

$$\Sigma\, C_{Si} + X_{Si} = V_{Si}$$

Observe novamente que tais postulados são uma conseqüência natural do princípio geral.

c) **Terceiro Postulado**: A soma entre uma carta de selo negativo pela somatória de quaisquer cartas de selos pares, tem como resultado um valor de selo ímpar. Simbolicamente:

$$C_{Si} + \Sigma\, C_{Sp} = V_{Si}$$

Postulado Adicional (I): A soma entre uma carta de selo negativo, pela somatória de quaisquer cartas de selos pares adicionado com um número de selo par, tem como resultado um valor de selo ímpar. Simbolicamente:

$$C_{Si} + \Sigma\, C_{Sp} + X_{Sp} = V_{Si}$$

Postulado adicional (II): A soma entre uma carta de selo negativo, pela somatória de quaisquer cartas de selos pares adicionado com um número de selo ímpar, tem como resultado um valor de selo ímpar. Simbolicamente:

$$C_{Si} + \Sigma C_{Sp} + X_{Si} = V_{Sp}$$

d) **Quarto Postulado**: $C_{Si} + \Sigma C_{Si} = V_{Spi}$

Postulado adicional (I): $C_{Si} + \Sigma C_{Si} + X_{Si} = V_{Sp}$

Postulado adicional (II): $C_{Si} + \Sigma C_{Si} + X_{Sp} = V_{Si}$

ARTIGO XVII

SELO DE MULTIPLICAÇÃO

1. Postulados Primários

a) Primeiro Postulado: Um número qualquer de selo par, multiplicado por outro número qualquer de selo par, é igual a uma carta de selo par. Simbolicamente:

$$X_{Sp} \cdot Y_{Sp} = C_{Sp}$$

b) Segundo Postulado: Um número qualquer com um selo impar, multiplicado por outro número qualquer de selo ímpar, é igual a uma carta de selo impar. Simbolicamente:

$$X_{Si} \cdot Y_{Si} = C_{Si}$$

c) Terceiro Postulado: Um número qualquer de selo par, multiplicado por outro número qualquer de selo ímpar, é igual a uma carta de selo par. Simbolicamente:

$$X_{Sp} \cdot Y_{Si} = C_{Sp}$$

2. Princípio Geral

Generalizando os três últimos postulados, posso enunciar o seguinte princípio geral: *A multiplicação de um selo par por qualquer outro tipo de selo, tem sempre como resultado numa carta de selo par.*

$$S_p \cdot S_i = C_{Sp}$$

$$S_p \cdot S_p = C_{Sp}$$

E a multiplicação entre selos ímpares, implica em uma carta de selo ímpar.

$$S_i \cdot S_i = C_{Si}$$

Ou então poderia afirmar que *a multiplicação entre selos idênticos implica numa carta com o mesmo selo ao da operação.*

$$S_p \cdot S_p = C_{Sp}$$

$$S_i \cdot S_i = C_{Si}$$

ARTIGO XVIII

RAZÕES ARCOMÉTRICAS

1. Introdução

Considere a seguinte figura geométrica:

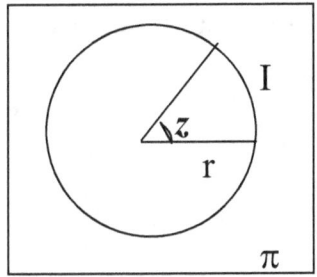

Onde a letra (**z**) representa o ângulo em graus (transferidor), onde a letra (**r**) representa o raio do circulo, a letra (**I**) representa o arco e a letra (π) representa o valor da constante *pi*.

2. Arco

O valor do arco é definido como sendo igual ao produto existente entre o pi pelo raio pelo ângulo, inverso pela constante numérica 180.

Simbolicamente, pode-se escrever que:

$$I = \pi \cdot r \cdot z/180$$

3. Radiano

O radiano é definido como sendo a relação entre o arco pelo raio.
Simbolicamente, escreve-se:

$$R = I/r$$

4. Angoliano

Defino a grandeza denominada por angoliano como sendo igual à relação existente entre o ângulo pelo raio.
Simbolicamente posso escrever que:

$$A = z/r$$

5. Gradiano

Defino a grandeza gradiano com sendo igual à relação existente entre o valor do arco pelo ângulo.
Simbolicamente, posso escrever que:

$$G = I/z$$

6. Partiano

Defino a grandeza que chamo por partiano como sendo igual à relação matemática existente entre o arco pelo número de partes do círculo.

Simbolicamente, posso escrever que:

$$p = I/n$$

7. Número de Partes do Círculo

Defino o número de partes do círculo como sendo igual à relação existente no valor constante de 360 pelo ângulo.

Simbolicamente, posso escrever que:

$$n = 360/z$$

8. Equação do Gradiano

Sabe-se que:

$$I = \pi \cdot r \cdot z/180$$

$$G = I/z$$

Substituindo convenientemente as duas últimas expressões, posso escrever que:

$$G = \pi \cdot r/180$$

Ocorre que o valor ($\pi/180$) é uma constante, logo posso afirmar que o gradiano é diretamente proporcional ao raio do círculo.

Simbolicamente, posso escrever que:

$$G = K \cdot r$$

Onde o valor da constante **K** é representado por:

$$K = 0,0174444$$

9. Fórmulas Derivadas das Razões Arcométricas

a) $p = I/n$, como $I = R \cdot r$, vem que: **p = R . r/n**

b) $p = I/n$, como $I = \pi \cdot r \cdot z/180$, vem que: **p = π . r . z/n . 180**

c) $p = I/n$, como $I = G \cdot z$, vem que: **p = G . z/n**

d) $p = I/n$, como $n = 360/z$, vem que: **p = I . z/360**

e) $I = G \cdot z$, como $I = p \cdot n$, como $I = R \cdot r$, como $I = \pi \cdot r \cdot z/180$, vem que: **G . z = p . n = R . r = π . r . z/180**

f) $G = I/z$, como $z = 360/n$, vem que: **$G = n \cdot I/360$**

g) $G = I/z$, como $z = A \cdot r$, vem que: **$G = I/A \cdot r$**

h) $G = I/A \cdot r$, como $R = I/r$, vem que: **$G = R/A$**

i) $A = z/r$, como $r = I/R$, vem que: **$A = z \cdot R/I$**

j) $I = \pi \cdot r \cdot z/180$, como $A = z/r$, resulta que: **$I = \pi \cdot r^2 \cdot A/180 = \pi \cdot z^2/A \cdot 180$**

10. Apresentação das Razões Arcométricas do Gradiano

Uma outra maneira de apresentar os estudos anteriores é a seguinte: Considere a seguinte figura:

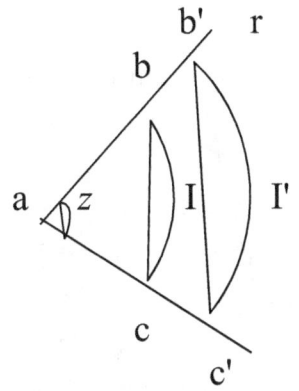

Assim, consideremos um ângulo agudo â de lados ab e ac. A seguir, traçamos arcos perpendiculares: **bc** ⊥ **ac** e **b'c'** ⊥ **ac**.

Agora, considere a seguinte figura:

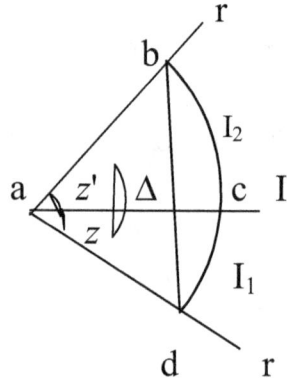

Chama-se gradiano do arcádio a razão **cd/α**.

Indica-se: **G = cd/**z ⇒ gradiano = arco/ângulo ∴ **G = I/**z

Logo: "gradiano de um arcádio é a razão entre a medida do arco aposto ao ângulo e a medida desse ângulo".

Seja: **bd** ⊥ Δ e **cd** ⊥ z pelo caso são semelhantes os arcádios: **bd** Δ, **cd** z, portanto: **bd/**Δ **= cd/**z

O valor comum dessas razões é denominado de "razões arcométricas" do referido arco. Essas razões podem ser obtidas através de construções geométricas.

ARTIGO XIX

FÓRMULA DE JUROS MENSAIS

A fórmula de juros é a seguinte

$$J = P \cdot \% \cdot d/36000$$

Onde;

J = Juros
P = Capital
% = Porcentagem
d = Número de dias

Se os juros forem mês sobre mês e o capital mensal básico for sempre de mesmo valor, podemos estabelecer que a somatória dos juros, mês a mês é a seguinte:

$$\Sigma J = P \cdot \% \cdot 30/36000 \, [n°/2 \cdot (n° + 1)]$$

Onde:

n° = Número de meses
30 = Número de dias em um mês
ΣJ = Somatória de Juros

Tudo isto, desde que exista a seguinte condição:

$$P = P_1 = P_2 = P_3 = \ldots = P_n$$

Pois:

$$\Sigma J = J_1 + J_2 = J_3 + \ldots + J_n$$

ARTIGO XX

LEANDRONIZAÇÃO (L)

1 L 0 = 0	2 L 0 = 1	3 L 0 = 2	4 L 0 = 3
1 L 1 = 1	2 L 1 = 2	3 L 1 = 3	4 L 1 = 4
1 L 2 = 2	2 L 2 = 3	3 L 2 = 4	4 L 2 = 5
1 L 3 = 3	2 L 3 = 4	3 L 3 = 5	4 L 3 = 6
1 L 4 = 4	2 L 4 = 5	3 L 4 = 6	4 L 4 = 7
1 L 5 = 5	2 L 5 = 6	3 L 5 = 7	4 L 5 = 8
1 L 6 = 6	2 L 6 = 7	3 L 6 = 8	4 L 6 = 9
1 L 7 = 7	2 L 7 = 8	3 L 7 = 9	4 L 7 = 10
1 L 8 = 8	2 L 8 = 9	3 L 8 = 10	4 L 8 = 11
1 L 9 = 9	2 L 9 = 10	3 L 9 = 11	4 L 9 = 12
1 L 10 = 10	2 L 10 = 11	3 L 10 = 12	4 L 10 = 13

5 L 0 = 4	6 L 0 = 5	7 L 0 = 6	8 L 0 = 7
5 L 1 = 5	6 L 1 = 6	7 L 1 = 7	8 L 1 = 8
5 L 2 = 6	6 L 2 = 7	7 L 2 = 8	8 L 2 = 9
5 L 3 = 7	6 L 3 = 8	7 L 3 = 9	8 L 3 = 10
5 L 4 = 8	6 L 4 = 9	7 L 4 = 10	8 L 4 = 11
5 L 5 = 9	6 L 5 = 10	7 L 5 = 11	8 L 5 = 12
5 L 6 = 10	6 L 6 = 11	7 L 6 = 12	8 L 6 = 13
5 L 7 = 11	6 L 7 = 12	7 L 7 = 13	8 L 7 = 14
5 L 8 = 12	6 L 8 = 13	7 L 8 = 14	8 L 8 = 15
5 L 9 = 13	6 L 9 = 14	7 L 9 = 15	8 L 9 = 16
5 L 10 = 14	6 L 10 = 15	7 L 10 = 16	8 L 10 = 17

Artigos Matemáticos
Leandro Bertoldo

9 L 0 = 8	10 L 0 = 9	11 L 0 = 10	12 L 0 = 11
9 L 1 = 9	10 L 1 = 10	11 L 1 = 11	12 L 1 = 12
9 L 2 = 10	10 L 2 = 11	11 L 2 = 12	12 L 2 = 13
9 L 3 = 11	10 L 3 = 12	11 L 3 = 13	12 L 3 = 14
9 L 4 = 12	10 L 4 = 13	11 L 4 = 14	12 L 4 = 15
9 L 5 = 13	10 L 5 = 14	11 L 5 = 15	12 L 5 = 16
9 L 6 = 14	10 L 6 = 15	11 L 6 = 16	12 L 6 = 17
9 L 7 = 15	10 L 7 = 16	11 L 7 = 17	12 L 7 = 18
9 L 8 = 16	10 L 8 = 17	11 L 8 = 18	12 L 8 = 19
9 L 9 = 17	10 L 9 = 18	11 L 9 = 19	12 L 9 = 20
9 L 10 = 18	10 L 10 = 19	11 L 10 = 20	12 L 10 = 21

QUADRO DE LEANDRONIZAÇÃO (L)

	0	1	2	3	4	5	6	7	8	9	10
1	0	1	2	3	4	5	6	7	8	9	10
2	1	2	3	4	5	6	7	8	9	10	11
3	2	3	4	5	6	7	8	9	10	11	12
4	3	4	5	6	7	8	9	10	11	12	13
5	4	5	6	7	8	9	10	11	12	13	14
6	5	6	7	8	9	10	11	12	13	14	15
7	6	7	8	9	10	11	12	13	14	15	16
8	7	8	9	10	11	12	13	14	15	16	17
9	8	9	10	11	12	13	14	15	16	17	18
10	9	10	11	12	13	14	15	16	17	18	19
11	10	11	12	13	14	15	16	17	18	19	20

ARTIGO XXI

ARCO QUADRILÁTERO

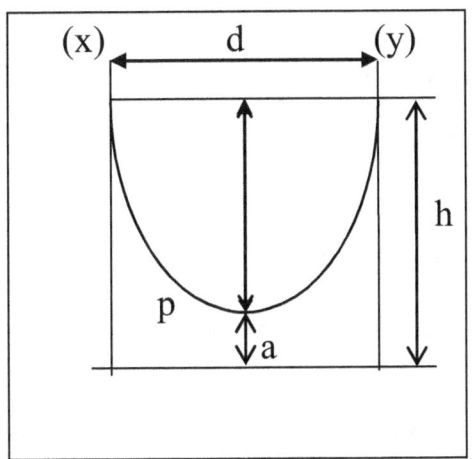

1. Definições

Circular (qualquer linha curva)
p = arco (parábolas, círculos etc).
b = flecha
a = pico
h = altura
d = distância entre estacas
(x) = haste fixa
(y) = haste móvel
(mx) = máximo

2. Condições

$h = p/2$

3 - Propriedades

a) $h = a + b$

b) $dmx = 2h = p$

c) $d_0 = h_0$

d) $b = (p - d)/2$

e) $a = h - [(p - d)/2]$

4. Semi-círculo

Condição de Semicírculo (SC) $\Rightarrow$ **d/b = 2**
Condição de Semicírculo (SC) $\Rightarrow$ **h/2**
Condição de Semicírculo (SC) $\Rightarrow$ **b − a = 0** ∴ **b = a**
Condição de Semicírculo (SC) $\Rightarrow$ **d = h**

ARTIGO XXII

INCLUSÕES GEOMÉTRICAS

1. Introdução

O presente artigo procura estabelecer algumas relações fundamentais existentes entre quadriláteros e círculos.

2. Simbologia

A simbologia adotada no presente artigo é a seguinte:

a) π = (pi)
b) **D** = diâmetro do círculo
c) **d** = diagonal do quadrilátero
d) **l** = lado do quadrilátero
e) P_1 = perímetro do círculo
f) P_2 = perímetro do quadrado
g) A_1 = área do círculo
h) A_2 = área do quadrado
i) ΔA = variação de área
j) ΔP = variação de perímetro
l) A_3 = Área da lúnula
m) **B** = arco
n) **F** = Flecha

o) ≠ diferente
p) = igual
q) ~ proporcional
r) ≅ aproximado
s) ⇔ se e somente se
t) → então
u) ⇒ implicação
v) ∴ portanto
s) ∧ e
z) ∨ ou

3. Fórmulas

As fórmulas básicas empregadas no presente artigo são as seguintes:

a) $A_1 = \pi \cdot D^2/4$

b) $A_2 = l^2$

c) $P_1 = \pi \cdot D$

d) $P_2 = 4l$

e) $d^2 = 2l^2$

f) $A_1 = P_1 \cdot D/4$

g) $d^2 = 2A_2$

h) $d = \sqrt{2} \cdot \sqrt{A_2}$

4. Figuras com Perímetros Iguais

I – Considere as seguintes figuras geométricas:

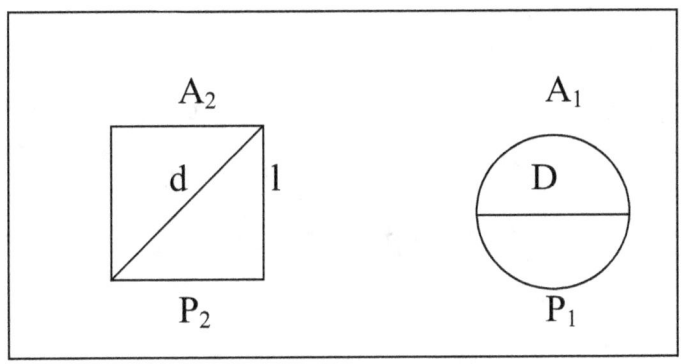

II – Hipótese: $P_2 = P_1$

III – Conseqüências:

a) $P_2 = 4l \wedge p_1 = \pi \cdot D \rightarrow 4l = \pi \cdot D \therefore \pi/4 = l/D \vee l \sim D$

b) $l = P_2/4 \wedge A_2 = l^2 \rightarrow A_2 = P^2{}_2/16 \therefore P_2 = 4 \cdot \sqrt{A_2} \vee P_2 \sim \sqrt{A_2}$

Artigos Matemáticos
Leandro Bertoldo

c) $P_1 = \pi \cdot D \wedge P_2 = 4\sqrt{A_2} \therefore \pi/4 = (\sqrt{A_2})/D \vee D \sim \sqrt{A_2}$

d) $A_1 = P_1 \cdot D/4 \wedge P_2 = 4\sqrt{A_2} \therefore \mathbf{A_1 = D \cdot \sqrt{A_2}}$

e) $A_2 = l^2 \wedge A^2_1 = D^2 \cdot A_2 \rightarrow A^2_1 = D^2 \cdot l^2 \therefore \mathbf{A_1 = D \cdot l}$

f) $l = d/\sqrt{2} \wedge A_1 = D \cdot l \therefore \mathbf{A_1 = D \cdot d/\sqrt{2}}$

g) $A_2 = d^2/2 \wedge A_2 = P^2_2/16 \rightarrow P^2_2/16 = d^2/2 \therefore \mathbf{P_2 = 4d/\sqrt{2} \vee P_2 \sim d}$

h) $P_2 = P_1 = \pi \cdot D \wedge p_2 = 4d/\sqrt{2} \rightarrow \pi \cdot D = 4d/\sqrt{2} \therefore \mathbf{D/d = 4/(\sqrt{2}) \cdot \pi \vee D \sim d}$

i) $\Delta P = P_1 - P_2 \wedge P_1 = P_2 \rightarrow P_1 - P_2 = 0 \therefore \mathbf{\Delta P = 0}$

j) $\Delta A = A_1 - A_2$

l) $\Delta A = P_2 \cdot D/4 - P^2_2/16 \therefore \mathbf{\Delta A = P_2/4 \cdot (D - P_2/4)}$

m) $\Delta A = D \cdot l - l^2 \therefore \mathbf{\Delta A = l \cdot (D - l)}$

n) $\Delta A = D \cdot d/\sqrt{2} - d^2/2 \therefore \mathbf{\Delta A = d \cdot (D/\sqrt{2} - d/2)}$

o) $\Delta A = D \cdot (\sqrt{A_2}) - A_2$

p) $\Delta A = D \cdot (\sqrt{A_2}) - d^2/2$

5. Figuras com Diâmetro e Lados Iguais

I – Considere as seguintes figuras geométricas:

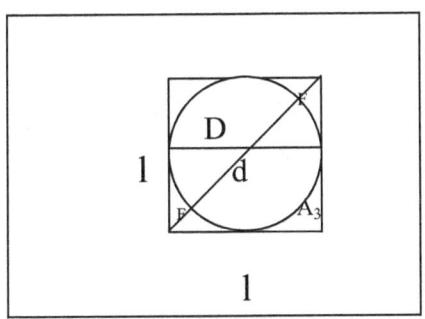

II - Hipótese: **D = l**

III - Conseqüências:

a) $D = P_1/\pi \wedge D = l \therefore \mathbf{P_1 = \pi \cdot l} \vee \mathbf{p_1 \sim l}$

b) $l = P_2/4 \wedge D = l \therefore \mathbf{P_2 = 4D} \vee \mathbf{P_2 \sim D}$

c) $P_1 = \pi \cdot l \wedge P_2 = 4l \therefore \mathbf{P_1/P_2 = \pi/4} \vee \mathbf{P_1 \sim P_2}$

d) $d = l\sqrt{2} \wedge P_1 = \pi \cdot l \therefore \mathbf{P_1 = \pi \cdot d/\sqrt{2}} \vee \mathbf{P_1 \sim d}$

e) $A_1 = \pi \cdot D^2/4 \wedge D = l \therefore \mathbf{A_1 = \pi \cdot l^2/4} \vee \mathbf{A_1 \sim l^2}$

f) $l^2 = d^2/2 \wedge A_1 = \pi \cdot l^2/4 \therefore \mathbf{A_1\, \pi \cdot d^2/8} \vee \mathbf{A_1 \sim d^2}$

g) $A_2 = l^2 \wedge A_1 = \pi \cdot l^2/4 \therefore \mathbf{A_1 = \pi \cdot A_2/4} \vee \mathbf{A_1 \sim A_2}$

h) $A_2 = l^2 \wedge D = 1 \therefore \mathbf{A_2 = D^2}$

i) $P_1/P_2 = \pi/4 \wedge A_1/A_2 = \pi/4 \therefore \mathbf{P_1/P_2 = A_1/A_2}$

j) $\Delta P = P_2 - P_1$

l) $P_2 = 4l \wedge P_1 = \pi \cdot l \to \Delta P = 4l - \pi \cdot l \therefore \mathbf{\Delta P = l \cdot (4 - \pi)} \vee \mathbf{\Delta P \sim l}$

m) $\Delta P = l \cdot (4 - \pi) \wedge D = 1 \therefore \mathbf{\Delta P = D \cdot (4 - \pi)} \vee \mathbf{(\Delta P \sim D)}$

n) $\Delta P = P_2 - P_1 \wedge P_1 = \pi \cdot P_2/4 \to \Delta P = P_2 - \pi \cdot P_2/4 \therefore \mathbf{\Delta P = P_2 \cdot (1 - \pi/4)}$

o) $\Delta P = P_2 - P_1 \wedge P_1 = A_1 \cdot P_2/A_2 \to \Delta P = P_2 - A_1 \cdot P_2/A_2 \therefore \mathbf{\Delta P = P_2 \cdot (1 - A_1/A_2)}$

p) $\Delta A = A_2 - A_1$

q) $A_2 = l^2 \wedge A_1 = \pi \cdot l^2/4 \to \Delta A = l^2 - \pi \cdot l^2/4 \therefore \mathbf{\Delta A = l^2 \cdot (1 - \pi/4)}$

r) $\Delta A = A_2 - A_1 \wedge A_1 = \pi \cdot A_2/4 \to \Delta A = A_2 - \pi \cdot A_2/4$
$\therefore \mathbf{\Delta A = A_2(1 - \pi/4)}$

s) $A_2 = D^2 \wedge A_1 = \pi \cdot D^2/4 \to \Delta A = D^2 - \pi \cdot D^2/4 \therefore \Delta A$
$= \mathbf{D^2 \cdot (1 - \pi/4)}$

t) $A_2 = d^2/2 \wedge A_1 = \pi \cdot d^2/8 \to \Delta A = d^2/2 - \pi \cdot d^2/8 \therefore$
$\mathbf{\Delta A = d^2/2 \cdot (1 - \pi/4)}$

u) $\Delta A = A_2 - A_1 \wedge A_1 = P_1 \cdot A_2/P_2 \to \Delta A = A_2 - P_1 \cdot A_2/P_2 \therefore \mathbf{\Delta A = A_2 \cdot (1 - P_1/P_2)}$

IV – Cálculo de A_3

a) $A_3 = \Delta A/4$

b) $\Delta A = l^2 \cdot (1 - \pi/4) \wedge A_3 = \Delta A/4 \therefore \mathbf{A_3 = l^2/4 \cdot (1 - \pi/4)} \vee \mathbf{A_3 = l^2(4 - \pi)/16}$

c) $\Delta A = A_2 \cdot (1 - \pi/4) \wedge A_3 = \Delta A/4 \therefore \mathbf{A_3 = A_2/4 \cdot (1 - \pi/4)} \vee \mathbf{A_3 = A_2(4 - \pi)/16}$

d) $\Delta A = D^2 \cdot (1 - \pi/4) \wedge A_3 = \Delta A/4 \therefore \mathbf{A_3 = D^2/4 \cdot (1 - \pi/4)} \vee \mathbf{A_3 = D^2 \cdot (4 - \pi)/16}$

e) $\Delta A = d^2/2 \cdot (1 - \pi/4) \wedge A_3 = \Delta A/4 \therefore \mathbf{A_3 = d^2/8 \cdot (1 - \pi/4)}$

f) $\Delta A = A_2(1 - P_1/P_2) \wedge A_3 = \Delta A/4 \therefore \mathbf{A_3 = A_2/4 \cdot (1 - P_1/P_2)}$

V – Flecha (F)

a) $2F = d - D$

b) $2F = d - D \wedge D = l \therefore \mathbf{2F = d - l}$

c) $2F = d - l \wedge d = l\sqrt{2} \to 2F = l\sqrt{2} - l \therefore \mathbf{2F = l \cdot [(\sqrt{2}) - 1]}$

d) $2F = l \cdot [(\sqrt{2}) - 1] \wedge l = P_1/\pi \therefore \mathbf{2F = P_1/\pi \cdot [(\sqrt{2}) - 1]}$

e) $2F = d - l \wedge l = d/\sqrt{2} \to 2F = d - d/\sqrt{2} \therefore \mathbf{2F = d \cdot [1 - (1/\sqrt{2})]}$

f) $2F = d - l \wedge d = \sqrt{2} \cdot \sqrt{A_2} \wedge l = \sqrt{A_2} \to 2F = \sqrt{2} \cdot \sqrt{A_2} - \sqrt{A_2} \therefore \mathbf{2F = \sqrt{A_2} \cdot [(\sqrt{2}) - 1]}$

VI – Relação $\Delta A/AP = S$

$$\Delta A = l^2 \cdot (1 - \pi/4) \wedge \Delta P = l \cdot (4 - \pi) \therefore S = l/[(4 - \pi) \cdot (1 - \pi/4)]$$

6. Figuras com Diâmetros e Diagonal Iguais

I – Considere as seguintes figuras:

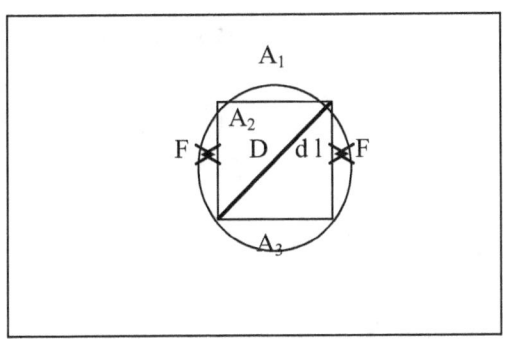

II – Hipóteses **D = d**

III – Conseqüências:

a) $A_2 = d^2/2 \land D = d \therefore \mathbf{A_2 = D^2/2 \lor D^2 \sim A_2}$

b) $A_1 = \pi \cdot D^2/4 \land A_2 = D^2/2 \therefore \mathbf{A_1 = \pi \cdot A_2/2 \lor A_1 \sim A_2}$

c) $A_2 = l^2 \land A_1 = \pi \cdot A_2/2 \therefore \mathbf{A_1 = \pi \cdot l^2/2 \lor A_1 = l^2}$

d) $P_1 = \pi \cdot D \land D = d \therefore \mathbf{P_1 = \pi \cdot d \land P_1 \sim d}$

e) $P_1 = \pi \cdot d \wedge d = \sqrt{A_2} \cdot \sqrt{2} \therefore \mathbf{P_1 = \pi \cdot \sqrt{2} \cdot \sqrt{A_2}} \vee P_1 \sim \sqrt{A_2}$

f) $P_1 = \pi \cdot \sqrt{2} \cdot \sqrt{A_2} \wedge A_2 = l^2 \therefore \mathbf{P_1 = \pi \cdot (\sqrt{2}) \cdot l} \vee p_1 \sim l$

g) $P_2 = 4l \wedge l = d/\sqrt{2} \therefore \mathbf{P_2 = 4d/\sqrt{2}} \vee P_2 \sim d$

h) $P_2 = 4d/\sqrt{2} \wedge P_1 = \pi \cdot D \wedge D = d \therefore \mathbf{P_2 = 4P_1/(\sqrt{2})\pi} \vee P_2 \sim P_1$

i) $\Delta P = P_1 - P_2$

j) $P_1 = \pi \cdot D \wedge P_2 = 4d/\sqrt{2} \wedge D = d \therefore \Delta P = \pi \cdot D - 4D/\sqrt{2} \therefore \mathbf{\Delta P = D \cdot (\pi - 4/\sqrt{2})}$

l) $P_1 = \pi \cdot (\sqrt{2}) \cdot l \wedge P_2 = 4l \rightarrow \Delta P = \pi \cdot (\sqrt{2}) \cdot l - 4l \therefore \mathbf{\Delta P = l(\pi \cdot (\sqrt{2}) - 4)}$

m) $P_2 = 4P_1/(\sqrt{2}) \cdot \pi \wedge \Delta P = P_1 - P_2 \rightarrow \Delta P = P_1 - 4P_1/(\sqrt{2}) \cdot \pi \therefore \mathbf{\Delta P = P_1 \cdot (1 - 4/(\sqrt{2}) \cdot \pi)}$

n) $\Delta A = A_1 - A_2$

o) $A_1 = \pi \cdot D^2/4 \wedge A_2 = D^2/2 \rightarrow \Delta A = \pi \cdot D^2/4 - D^2/2 \therefore \mathbf{\Delta A = D^2/2 \cdot (\pi/2 - 1)}$

p) $A_1 = \pi \cdot A_2/2 \wedge \Delta A = A_1 - A_2 \rightarrow \Delta A = \pi \cdot A_2/2 - A_2 \therefore \mathbf{\Delta A = A_2 \cdot (\pi/2 - 1)}$

q) $A_1 = \pi \cdot l^2/2 \land A_2 = l^2 \to \Delta A = \pi \cdot l^2/2 - l^2 \therefore \mathbf{\Delta A = l^2 \cdot (\pi/2 - 1)}$

r) $A_1 = P_1 \cdot D/4 \land A_2 = P^2_1/2\pi^2 \to \Delta A = P_1 \cdot D/4 - P^2_1/2\pi^2 \therefore \mathbf{\Delta A = P_1/2 \cdot (D/2 - P_1/\pi^2)}$

IV – Cálculo de A_3

a) $A_3 = \Delta A/4$

b) $\Delta A = \pi \cdot l^2/2 - l^2 \land A_3 = \Delta A/4 \therefore \mathbf{A_3 = l^2 \cdot (\pi - 2)/8}$

c) $\Delta A = \pi \cdot D^2/4 - D^2/2 \land A_3 = \Delta A/4 \therefore \mathbf{A_3 = D^2 \cdot (\pi - 2)/16}$

d) $\Delta A = \pi \cdot A_2/2 - A_2 \land A_3 = \Delta A/4 \therefore \mathbf{A_3 = A_2 \cdot (\pi - 2)/8}$

V – Arco

a) $B = P_1/4$

b) $P_1 = \pi \cdot (\sqrt{2}) \cdot 1 \land B = P_1/4 \therefore \mathbf{B = \pi \cdot (\sqrt{2}) \cdot l/4}$

c) $P_1 = \pi \cdot \sqrt{2} \cdot \sqrt{A_2} \land B = P_1/4 \therefore \mathbf{B = \pi \cdot \sqrt{2} \cdot \sqrt{A_2}/4}$

d) $P_1 = \pi \cdot d \land B = P_1/4 \therefore \mathbf{B = \pi \cdot d/4 \lor B = \pi \cdot D/4}$

VI – Flecha (F)

a) $2F = (D - l)$

b) $D = d \wedge F = (D - l)/2 \therefore \mathbf{F = (d - l)/2}$

c) $F = (D - l)/2 \wedge d = l\sqrt{2} \rightarrow F = [l \cdot (\sqrt{2}) - l]/2 \therefore \mathbf{F = l \cdot [(\sqrt{2}) - 1]/2}$

d) $2F = d - l \wedge l = d/\sqrt{2} \rightarrow 2F = d - d/\sqrt{2} \therefore \mathbf{2F = d \cdot (1 - 1/\sqrt{2})}$

e) $F = (d - l)/2 \wedge d = \sqrt{2} \cdot \sqrt{A_2} \wedge l = \sqrt{A_2} \therefore \mathbf{F = \sqrt{A_2} \cdot [(\sqrt{2}) - 1]/2}$

VII – Relação B/F = G

a) $G = B/F$

b) $G = B/F \wedge B = \pi \cdot l \cdot (\sqrt{2})/4 \wedge F = l[(\sqrt{2}) - 1]/2 \therefore \mathbf{G = \pi \cdot (\sqrt{2})/2 \cdot [(\sqrt{2}) - 1]}$

c) $G = B/F \wedge B = \pi \cdot d/4 \wedge F = (d - l)/2 \therefore \mathbf{G = \pi \cdot d/2(d - l)}$

VIII – Relação B/l = J

a) J = B/l

b) J = B/l ∧ B = π . (√2) . l/4 → J = π . l . (√2)/4l ∴ **J = π . (√2)/4**

IX – Relação F/l = M

a) M = F/l

b) M = F/l ∧ F = l . [(√2) – 1]/2 → M = l . [(√2) – 1]/2l
∴ **M = [(√2) – 1]/2**

c) M = F/l ∧ F = (d - l)/2 ∴ **M = (d – l)/2l**

X – Relação ΔA/AP = S

ΔA = l^2 . (π/2 – 1) ∧ ΔP = l . (π.√2 – 4) → S l^2(π/2 – 1)/l(π√2 – 4) ∴ **S = l(π - 2)/2[π(√2) – 4]**

7. Figuras Circunscritas com Dois Quadrados

I – Considere as seguintes figuras:

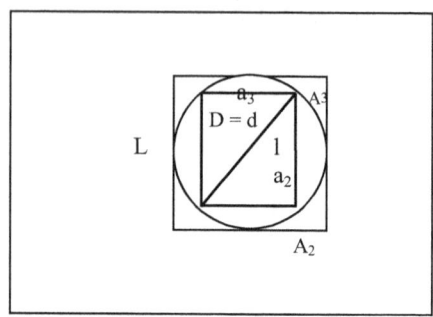

II – Simbologia:

l = lado do quadrado interno
L = lado do quadrado externo
a_2 = área do quadrado interno
A_2 = área do quadrado externo
P_2 = perímetro do quadrado externo
p_2 = perímetro do quadrado interno
a_3 = área da lunula
F = flecha

III – Hipótese: $D = L \land D = d \therefore d = L$

IV – Conseqüências:

a) $d^2 = 2l^2 \land d = L \rightarrow L^2 = 2l^2 \therefore \mathbf{L = (\sqrt{2}) \cdot l \lor L \sim l}$

b) $L^2 = 2l^2 \land A_2 = L^2 \land a_2 = l^2 \therefore \mathbf{A_2 = 2a_2 \lor A_2 \sim a_2}$

c) $d = \sqrt{2} \cdot \sqrt{a_2} \wedge d = L \therefore \mathbf{L = \sqrt{2} \cdot \sqrt{a_2} \vee L \sim \sqrt{a_2}}$

d) $P_2/L = 4 \wedge p_2/l = 4 \therefore \mathbf{P_2/p_2 = L/l}$

e) $p_2 = 4d/\sqrt{2} \wedge d = L \therefore \mathbf{p_2 = 4L/\sqrt{2}}$

f) $\Delta P = L(4 - \pi) \wedge L = d \therefore \mathbf{\Delta P = d \cdot (4 - \pi)}$

g) $\Delta A = L^2(1 - \pi/4) \wedge L = d \therefore \mathbf{\Delta A = d^2 \cdot (1 - \pi/4)}$

h) $\Delta A = d^2 \cdot (1 - \pi/4) \wedge d^2 = 2l^2 \therefore \mathbf{\Delta A = 2l^2 \cdot (1 - \pi/4)}$

i) $A_1 = \pi \cdot L^2/4 \wedge A_1 = \pi \cdot l^2/2 \therefore \mathbf{L^2 = 2l^2}$

j) $A_1 = \pi \cdot a_2/2 \wedge A_1 = \pi \cdot D^2/4 \therefore \mathbf{a_2 = D^2/2}$

l) $A_1 = \pi \cdot l^2/2 \wedge A_1 = \pi \cdot D^2/4 \therefore \mathbf{l^2 = D^2/2}$

m) $A_1 = \pi \cdot l^2/2 \wedge A_1 = \pi \cdot A_2/4 \therefore \mathbf{l^2 = A_2/2}$

n) $A_1 = \pi \cdot D^2/4 \wedge A_1 = \pi \cdot A_2/4 \therefore \mathbf{D^2 = A_2}$

o) $p_1 = \pi \cdot D \wedge p_1 = \pi \cdot \sqrt{2} \cdot \sqrt{a_2} \therefore \mathbf{D = \sqrt{2} \cdot \sqrt{a_2}}$

p) $p_1 = \pi \cdot D \wedge p_1 = \pi \cdot (\sqrt{2}) \cdot l \therefore \mathbf{D = (\sqrt{2}) \cdot l}$

q) $A_3 = l^2 \cdot (4 - \pi)/16 \wedge a_3 = l^2 \cdot (\pi - 2)/8 \therefore \mathbf{A_3/a_3 = (4 - \pi)/2(\pi - 2)}$

8. Figura com Círculo e Retângulo

I – Considere as seguintes figuras:

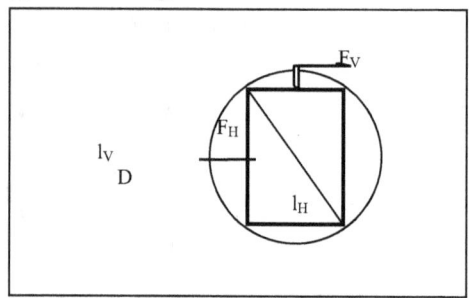

II – Simbologia

> l_V = lado vertical do retângulo
> l_H = lado horizontal do retângulo
> F_V = flecha vertical
> F_H = flecha horizontal

III – Fórmulas Básicas

$P_2 = 2(l_V + l_H)$
$A_2 = l_V \cdot l_H$
$d^2 = l^2_V + l^2_H$

IV – Hipótese: **D = d**

Artigos Matemáticos
Leandro Bertoldo

V – Conseqüências:

a) $d^2 = l^2_V + l^2_H \wedge D = d$ ∴ $\mathbf{D^2 = l^2_V + l^2_H}$

b) $D^2 = l^2_V + l^2_H \wedge A_1 = \pi \cdot D^2/4$ ∴ $\mathbf{A_1 = \pi(l^2_V + l^2_H)/4}$

c) $2 = P_2/(l_V + l_H) \wedge 2 = \pi \cdot D^2/2A_1$ ∴ $\mathbf{P_2/(l_V + l_H) = \pi \cdot D^2/2A_1}$

d) $P_2/(l_V + l_H) = \pi \cdot D^2/2A_1 \wedge d^2 = (l^2_V + l^2_H)$ ∴ $\mathbf{P_2/(l_V + l_H) = \pi \cdot (l^2_V + l^2_H)/2A_1}$

e) $P^2_1 = \pi^2 \cdot D^2 \wedge D = d \wedge d^2 = l^2_V + l^2_H$ ∴ $\mathbf{P^2_1 = \pi^2 \cdot (l^2_V + l^2_H)}$

f) $A_1 = \pi \cdot D^2/4 \vee A_2 = l_V \cdot l_H$ ∴ $\mathbf{A_1/A_2 = \pi \cdot D^2/4l_V \cdot l_H}$

g) $A_1/A_2 = \pi \cdot D^2/4l_V \cdot l_H \wedge d^2 = l^2_V + l^2_H$ ∴ $\mathbf{A_1/A_2 = \pi \cdot (l^2_V + l^2_H)/4l_V \cdot l_H}$

h) $A_2 = l_V \cdot l_H \wedge P_2 = 2(l_V + l_H)$ ∴ $\mathbf{A_2/P_2 = l_V \cdot l_H/2(l_V + l_H)}$

i) $P_2 = 2(l_V + l_H) \wedge d^2 = l^2_V + l^2_H$ ∴ $\mathbf{P_2/d^2 = 2(l_V + l_H)/(l^2_V + l^2_H)}$

j) $A_2 = l_V \cdot l_H \wedge d^2 = l^2_V + l^2_H$ ∴ $\mathbf{A_2/d^2 = l_V \cdot l_H/(l^2_V + l^2_H)}$

l) $P_1 = \pi \cdot d \wedge P_2 = 2(l_V + l_H) \therefore \mathbf{P_1/P_2 = \pi \cdot d/2(l_V + l_H)}$

m) $P_1/P_2 = \pi \cdot d/2(l_V + l_H) \wedge d = \sqrt{(l^2_V + l^2_H)} \therefore \mathbf{P_1/P_2 = \pi \cdot \sqrt{(l^2_V + l^2_H)}/2(l_V + l_H)}$

n) $P_1 = \pi \cdot d \wedge d = \sqrt{(l^2_V + l^2_H)} \therefore \mathbf{P_1 = \pi \cdot \sqrt{(l^2_V + l^2_H)}}$

o) $A_1 = P_1 \cdot D/4 \wedge P_1 = \pi \cdot \sqrt{(l^2_V + l^2_H)} \therefore \mathbf{A_1 = D \cdot \pi \cdot \sqrt{(l^2_V + l^2_H)}/4}$

p) $A_1 = P_1 \cdot D/4 \wedge D = d \wedge d = \sqrt{(l^2_V + l^2_H)} \therefore \mathbf{A_1 = P_1 \cdot \sqrt{(l^2_V + l^2_H)}/4}$

q) $\Delta P = P_1 - P_2$

r) $P_1 = \pi \cdot D \wedge P_2 = 2(l_V + l_H) \therefore \mathbf{\Delta P = \pi \cdot D - 2(l_V + l_H)}$

s) $\Delta A = A_1 - A_2$

$A_1 = \pi \cdot D^2/4 \wedge A_2 = l_V + l_H \therefore \mathbf{\Delta A = \pi \cdot D^2/4 - l_V \cdot l_H}$

$A_1 = P_1 \cdot D/4 \wedge A_2 = l_V + l_H \therefore \mathbf{\Delta A = P_1 \cdot D/4 - l_V \cdot l_H}$

VI – Flechas

a) $2F_H = D - l_H$

Artigos Matemáticos
Leandro Bertoldo

b) $2F_V = D - l_V$

c) $D = 2F_H + l_H \wedge D = 2F_V + l_V \rightarrow 2F_H + l_H = 2F_V + l_V$ $\therefore$ **$2(F_H - F_V) = l_V - l_H$**

d) $2F_H = D - l_H \wedge 2F_V = D - l_V$ $\therefore$ **$F_H/F_V = (D - l_H)/(D - l_V)$**

e) $2F_H = D - l_H \wedge D = \sqrt{(l^2_V + l^2_H)}$ $\therefore$ **$2F_H = [\sqrt{(l^2_V + l^2_H)}] - l_H$**

f) $2F_V = D - l_V \wedge D = \sqrt{(l^2_V + l^2_H)}$ $\therefore$ **$2F_V = [\sqrt{(l^2_V + l^2_H)}] - l_V$**

g) $P_2 = 2(l_V + l_H) \wedge 2(F_H - F_V) = l_V - l_H \rightarrow 2(l_V + l_H)/2(F_H - F_V) = P_2/(l_V + l_H)$ $\therefore$ **$(l_V + l_H) \cdot (l_V - l_H) = P_2 \cdot (F_H - F_V)$**

h) $2(F_H - F_V) = l_V - l_H \wedge l_V = A_2/l_H$ $\therefore$ **$2(F_H - F_V) = A^2/l_H - l_H$**

i) $2(F_H - F_V) = l_V - l_H \wedge l_H = A_2/l_V$ $\therefore$ **$2(F_H - F_V) = l_V - (A^2/l_V)$**

j) $2F_H = D - l_H \wedge D = P_1/\pi$ $\therefore$ **$2F_H = (P_1/\pi) - l_H$**

l) $2F_V = D - l_V \wedge D = P_1/\pi$ $\therefore$ **$2F_V = (P_1/\pi) - l_V$**

m) $2F_H = D - l_H \wedge D = 4A_1/P_1 \therefore \mathbf{2F_H = (4A_1/P_1) - l_H}$

n) $2F_V = D - l_V \wedge D = 4A_1/P_1 \therefore \mathbf{2F_V = (4A_1/P_1) - l_V}$

ARTIGO XXIII

PROPRIEDADES DOS NÚMEROS PRIMOS

Os números primos são aqueles que não apresentam outros divisores além dele mesmo e da unidade.

A – Simbologia

a) x = números primos
b) z = números ímpares
c) y = números pares

B – Com exceção do número dois, os pares não são primos.

C – Todos números primos são ímpares, mas nem todos os ímpares são primos.

D – Com exceção da unidade, os múltiplos ímpares não são primos.

E – Considere o seguinte crivo de Eratóstenes:

	p	p	p_i	p	p	p_n
n_0	1	2	3	<u>4</u>	5	<u>6</u>
n_1	7	<u>8</u>	<u>9</u>	<u>10</u>	11	<u>12</u>
n_2	13	<u>14</u>	<u>15</u>	<u>16</u>	17	<u>18</u>
n_3	19	<u>20</u>	<u>21</u>	<u>22</u>	23	<u>24</u>
n_4	<u>25</u>	<u>26</u>	<u>27</u>	<u>28</u>	29	<u>30</u>
n_5	31	<u>32</u>	<u>33</u>	<u>34</u>	<u>35</u>	<u>36</u>
n_6	37	<u>38</u>	<u>39</u>	<u>40</u>	41	<u>42</u>
n_7	43	<u>44</u>	<u>45</u>	<u>46</u>	47	<u>48</u>
n_8	<u>49</u>	<u>50</u>	<u>51</u>	<u>52</u>	53	<u>54</u>
n_9	<u>55</u>	<u>56</u>	<u>57</u>	<u>58</u>	59	<u>60</u>

Ao eliminar os pares, com exceção do número "dois", e ao eliminar os múltiplos ímpares, com exceção da unidade, resulta numa sobra de números primos.

Analisando o crivo considerado, verifica-se que cada coluna vertical desenvolve-se numa progressão aritmética. Desta maneira é possível estabelecer uma expressão matemática para calcular o número da progressão (p_A) em qualquer coluna.

$$p_A = p + n \cdot p_n$$

F – Com exceção da unidade, todos múltiplos ímpares (**m**) são expressos pela seguinte equação:

$$m = p_i + 2n \cdot p_i$$

Ou melhor:

$$m = p_i \cdot (1 + 2n)$$

O crivo que ilustra o presente artigo foi organizado de tal maneira que o mapa dos múltiplos ímpares do número "três" ficassem localizados numa única coluna.

G – Considerando a simbologia usada no presente artigo, os números primos podem ser expressos pela seguinte fórmula:

$$x = y \oplus z \ominus B \ominus D$$

As letras (**B**) e (**D**), representam as classificações das definições dadas no início do presente artigo. Já os símbolos $\oplus$ e $\ominus$, representam, respectivamente, os termos *inclusão* e *exclusão*.

Assim, a inclusão no conjunto dos números pares com os números ímpares e excluindo os dados informativos da letra **B** e da letra **D**, o que sobra no conjunto considerado são os números primos.

ARTIGO XXIV

DIVISIBILIDADE

Considere as seguintes definições simbólicas:

A – par/par (p/p)

Todos números pares são divisíveis por pares.

B – par/impar (p/i)

Com exceção do próprio número e da unidade, nem todos os números pares admitem a divisão por ímpares.

C – Série Nobre (SN)

Os números pares que não admitem divisão por ímpares, constituem a seqüência chamada "Serie Nobre". Ela é constituída pelos seguintes números:

n^1	n^2	n^3	n^4	n^5	n^6	n^7	n^8	n^9
				...	$n+1$			
2	4	8	16	32	64	128	256	512
				...	$N+1$			

A expressão que se segue, define a série nobre por meio de quantidades (n):

$$SN = 2^n$$

Portanto, os números da "Série Nobre" são pares indivisíveis por ímpares. Já os demais pares admitem divisão por ímpares.

D – Impar/impar (I/I)

Com exceção do próprio número e da unidade, nem todos os números ímpares admitem a divisão por ímpares.

Estes números com o acréscimo do número dois são conhecidos por números primos.

Os Múltiplos (M)

Os números ímpares que admitem divisão por ímpares, caracterizam os múltiplos, como por exemplo:

a) Múltiplo de três (MT);
b) Múltiplo de cinco (MC);
c) Múltiplo de sete (MS).

Os números múltiplos de três, são caracterizados pela seguinte expressão matemática:

$$MT = 3 + n \cdot 6$$

Os números múltiplos de cinco, são caracterizados pela seguinte equação:

$$MC = 5 + n \cdot 10$$

Os números múltiplos de sete, são caracterizados pela seguinte fórmula matemática:

$$MS = 7 + n \cdot 14$$

Analisando rapidamente as três últimas expressões, verifica-se que as mesmas podem ser generalizadas, conforme a seguinte observação:

$$M = N + n \cdot 2 \cdot N$$

Portanto:

$$M = N \cdot (1 + 2 \cdot n)$$

Na referida equação generalizada a letra (N) representa o número múltiplo base (três, cinco ou sete). O número(n) representa uma seqüência numérica de quantidade que se estende do número *um* ao *infinito*.

E – Impar/par (I/P)

Todos os números ímpares não admitem divisão por pares.

F – Definição matemática de número primo (P)

Matematicamente posso estabelecer uma fórmula para os números primos, dentro de uma simbologia perfeitamente lógica.

Assim sendo, defino os números primos pela seguinte equação:

$$P = I/I \ominus M \oplus 2$$

a) $\oplus$ = inclusão
b) $\ominus$ = exclusão

Ou seja, os números ímpares são iguais à divisibilidade dos números ímpares por ímpares com a exclusão dos múltiplos ímpares e inclusão do número dois.

Porém, como demonstrei que:

$$M = N \cdot (1 + 2n)$$

Posso escrever que:

$$P = I/I \ominus [N \cdot (1 + 2n)] \oplus 2$$

Portanto, temos uma fórmula matemática para a definição dos números primos.

Artigos Matemáticos
Leandro Bertoldo

ARTIGO XXV

TEORIA DOS GRUPOS

1. Introdução

O estudo dos grupos é um importante conceito matemático. Com ele pode-se localizar qualquer elemento de um ou mais grupo.

2. Conceitos Fundamentais

a) Grupo: A noção de grupo é a mesma de conjunto, em matemática.

b) Agrupamentos: Reunião de vários grupos.

c) Elementos: São as unidades básicas do grupo.

d) Pertinência: Se um elemento é membro de um grupo, isto significa que ele pertence ao grupo. Tal fato é representado pelo símbolo $\in$ e indica que o elemento pertence ao grupo. O símbolo $\notin$ indica que o elemento não pertence ao grupo.

e) Representação: Os *elementos* de um grupo podem ser qualquer coisa. Por isso mesmo são representados pela letra (**x**) seguida por índice numérico. Os *grupos* são representados pelo número romano seguido por um índice numérico.

f) Contenção: Quando um elemento está contido num grupo ou um grupo está contido em outro, ele é representado pelo símbolo $\subset$ que indica *está contido em*. Já o símbolo $\not\subset$ indica que o elemento ou grupo *não está contido em*.

3. Classificação

a) Grupo primário: Caracteriza o grupo formado pelos elementos. Este grupo é representado pelo número romano (**I**).

b) Grupo secundário: É o grupo formado por grupos primários. Fica perfeitamente representado pelo número romano (**II**).

c) Grupo Terciário: Este grupo é caracterizado pela reunião dos grupos secundários. Está representado pelo número romano (**III**).

d) Grupo Quaternário: É o grupo eu engloba os grupos terciários. Estando representado pelo número romano (**IV**).

E assim o mesmo raciocínio segue de forma semelhante a infinito.

4. Representação Gráfica

Os agrupamentos de elementos e grupos podem ser representados por diferentes formas.

a) *Esquematicamente*:

$$III_1 = \begin{cases} II_1 = \begin{cases} I_1 = (x_1, x_2, x_3) \\ I_2 = (x_4, x_5, x_6) \\ I_3 = (x_7, x_8, x_9) \end{cases} \\ \\ II_2 = \begin{cases} I_4 = (x_{10}, x_{11}, x_{12}) \\ I_5 = (x_{13}, x_{14}, x_{15}) \\ I_6 = (x_{16}, x_{17}, x_{18}) \end{cases} \end{cases}$$

b) *Diagrama*:

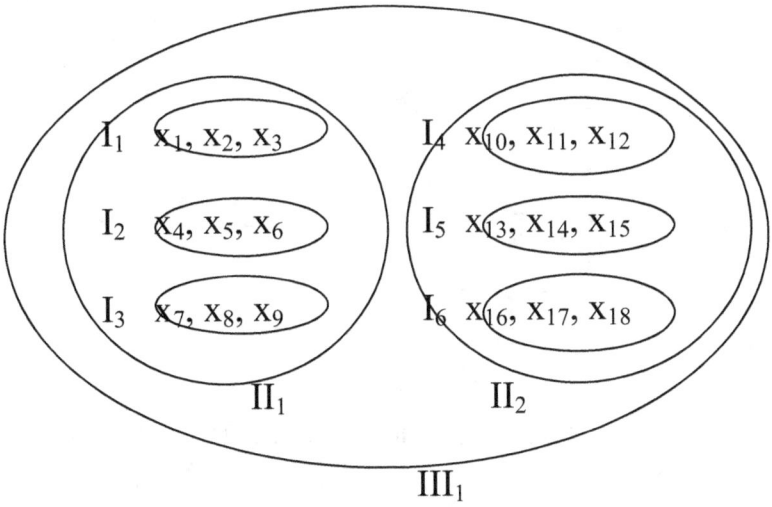

c) *Linearmente*:

$$III_1 = [II_2 = \{I_1 = (x_1, x_2, x_3); I_2 = (x_4, x_5, x_6); I_3 = (x_7, x_8, x_9)\}; II_2 = \{I_4 = (x_{10}, x_{11}, x_{12}); I_5 = (x_{13}, x_{14}, x_{15}); I_6 = (x_{16}, x_{17}, x_{18})\}]$$

5. Análise

Analisando rapidamente o agrupamento anterior, observam-se as seguintes características:

a) II_1 e $II_2 \in III_1$
b) I_1, I_2 e $I_3 \in II_1$
c) I_4, I_5 e $I_6 \in II_2$
d) I_1, I_2 e $I_3 \notin II_2$
e) I_4, I_5 e $I_6 \notin II_1$
f) x_1, x_2 e $x_3 \in I_1$
g) x_4, x_5 e $x_6 \in I_2$
h) x_7, x_8 e $x_9 \in I_3$
i) x_{10}, x_{11} e $x_{12} \in I_4$
j) x_{13}, x_{14} e $x_{15} \in I_5$
k) x_{16}, x_{17} e $x_{18} \in I_6$
l) etc.

Pode-se observar que os elementos $(x_1, x_2,..., x_n)$ estão sempre contidos no grupo primário. Já os grupos primários $(I_1, I_2,..., I_n)$ estão sempre contidos no grupo secundário. E os grupos secundários (II_1, II_2,..., II_n) estão sempre contidos no grupo terciário. E assim sucessivamente.

Portanto, pode-se concluir que:

Somente grupos de nível superior podem contar grupos de nível inferior.

Simbolicamente pode-se escrever generalizadamente:

$$(X-1)_n \subset X_m$$

Logo se podem observar as seguintes propriedades:

m) $II_1 \subset III_1$; $II_2 \subset III_1$
n) $I_1 \subset II_1$; $I_2 \subset II_1$; $I_3 \subset II_1$

Assim pode-se escrever que os grupos primários estão contidos no secundário. E os grupos secundários estão contidos no grupo terciário.

Também se observa que: *grupos de mesmo nível não estão contidos entre si.*

Generalizando, simbolicamente pode-se escrever que:

$$X_n \not\subset X_m$$

o) $II_1 \not\subset II_2$
p) $I_1 \not\subset I_2$

q) $I_2 \not\subset I_3$

6. Localização de Elemento

O elemento de um grupo fica perfeitamente localizado pela descrição da coordenada de grupo. Observe os seguintes exemplos:

a) $\qquad x_1\ (I_1,\ II_1,\ III_1)$

Diante da referida expressão, afirma-se que o elemento x_1 está localizado na coordenada de grupo primário um, secundário um e terciário um.

b) $\qquad x_7\ (I_3,\ II_1,\ III_1)$

Assim pode-se afirmar que o elemento x_7 está localizado na coordenada de grupo primário três, secundário um e terciário um.

c) $\qquad x_{13}\ (I_5,\ II_2,\ III_1)$

Logo se afirmar que x_{13} está localizado na coordenada de grupo primário cinco, secundário dois, terciário um.

Generalizando os referidos resultados obtêm-se a seguinte expressão:

$$x_n\ [(I + 0)_r,\ (I + 1)_s,\ (I + 2)_t,\ ...,\ (I + N)_z]$$

7. Localização de Grupo Primário

Se numa pesquisa o objetivo é a localização de um grupo primário, o mesmo pode ser perfeitamente localizado pela coordenada de grupo. Considere então os seguintes exemplos:

a) $\qquad\qquad I_2\ (II_1,\ III_1)$

Portanto pode-se dizer que o grupo primário dois está localizado na coordenada de grupo secundário um e terciário um.

b) $\qquad\qquad I_5\ (II_2,\ III_1)$

Dessa forma pode-se afirmar que o grupo primário cinco está localizado na coordenada de grupo secundário dois e terciário um.

8. Localização de Grupo Secundário

Um grupo secundário fica perfeitamente localizado pela coordenada de grupo, conforme demonstra os seguintes exemplos:

a) $\quad\quad\quad\quad II_1 (III_1)$

A referida expressão permite afirmar que o grupo secundário um está localizado na coordenada de grupo terciário um.

b) $\quad\quad\quad\quad II_2 (III_1)$

Diante de tal resultado pode-se escrever que o grupo secundário dois está localizado na coordenada de grupo terciário um.

9. Aplicações

A presente teoria dos grupos pode ser perfeitamente empregada na classificação e descrição de vários grupos que existem na natureza. Entre eles podemos citar as galáxias, os cardumes, organizações de partidos, salas e prédios de repartições públicas ou particulares etc.

ARTIGO XXVI
SÉRIE DO QUADRADO PERFEITO

1. Introdução

Considere as seguintes séries numéricas:

$$1.2.3.4 + 1 = 25 = 5^2$$
$$2.3.4.5 + 1 = 121 = 11^2$$
$$3.4.5.6 + 1 = 361 = 19^2$$
$$4.5.6.7 + 1 = 841 = 29^2$$

Dessas séries, verifica-se que resultam num quadrado perfeito. Elas podem ser expressas da seguinte forma:

$$(x = 0) . (x + 1) . (x + 2) . (x + 3) + 1 = y^2$$

Isso resulta que:

$$(x^2 + 3x + 1)^2 = y^2$$

2. Valor da Base

Para encontrar o valor da base (**x**) da referida equação deve-se proceder aos seguintes passos:

1º - Igualar o seu resultado no segundo membro:

$$(x^2 + 3x + 1)^2 = y^2$$

2º - Transportando o número (1) para o segundo membro:

$$(x^2 + 3x)^2 = (y - 1)^2$$

3º - Multiplicado-se os membros por (4):

$$(4x^2 + 12x)^2 = [4(y - 1)]^2$$

4º - Adicionando-se (3^2) aos membros:

$$(4x^2 + 12x + 3^2)^2 = [3^2 + 4(y - 1)]^2$$

5º - Fatorando o primeiro membro:

$$[(2x^2 + 3^2)]^2 = [3^2 + 4(y - 1)]^2$$

6º - Simplificando os membros:

$$(2x + 3)^4 = (9 + 4y - 4)^2$$
$$(2x + 3)^4 = (5 + 4y)^2$$

7º - Extraindo a raiz cúbica de ambos os membros:

$$\sqrt[4]{(2x+3)^4} = \sqrt[4]{(5+4y)^2}$$
$$2x + 3 = \sqrt{(5+4y)}$$

8º - Resolvendo a equação tem-se que:

$$2x = [\sqrt{(5+4y)}] - 3$$

Portanto resulta:

$$x = \{[\sqrt{(5+4y)}] - 3\}/2$$

Essa equação fornece o valor base (**x**) da série em função do resultado (**y**).

3. Valor do Resultado

Também se pode obter uma expressão para o valor do resultado (**y**) em função do valor base (**x**) da série. Para isso considere os seguintes passos:

1º - Foi demonstrado no item (**6º**) da parte anterior que:

$$(2x+3)^4 = (5+4y)^2$$

2º - Extraindo a raiz quadrada de ambos os membros:

$$\sqrt{(2x+3)^4} = \sqrt{(5+4y)^2}$$

$$(2x + 3)^2 = 5 + 4y$$

3º - Resolvendo a equação tem-se que:

$$4y = (2x + 3)^4 - 5$$

Portanto resulta:

$$y^2 = \{[(2x + 3)^2 - 5]/4\}^2$$

Essa equação fornece o resultado (y) em função do valor básico (x) de série apresentada.

4. Número de Arranjos

Na série apresentada tal qual:

$$(x + 0) \cdot (x + 1) \cdot (x + 2) \cdot (x + 3) + 1 = y^2$$

Pode-se definir que:

$$n_1 = (x + 0); \; n_2 = (x + 1); \; n_3 = (x + 2); \; n = (x + 3)$$

Portanto, pode-se escrever que:

$$n_1 \cdot n_2 \cdot n_3 \cdot n + 1 = y^2$$

Observa-se claramente que a primeira série apresentada é o número de arranjos de (n) elementos (p) a (p). Portanto pode-se escrever que:

$$A_{n,4} + 1 = y^2$$

Assim, pode-se concluir que:

$$A_{n,4} = n!/(n-4)! + 1 = y^2$$

5. Teorema

Sabe-se que:

$$(x^2 + 3x + 1)^2 = y^2$$

Também se sabe que:

$$n_1 \cdot n_2 \cdot n_3 \cdot n + 1 = y^2$$

Portanto, resulta que:

$$(n_1 \cdot n + 1)^2 = y^2$$

6. Cálculo de "y" em Relação a "n"

Finalmente pode-se apresentar outra fórmula para cálculo do resultado (**y**) em função de (**n**). Essa fórmula é a seguinte:

$$\{n \cdot [(2n - 9) + n]/3 + 1\}^2 = y^2$$

7. Resumo

1º - Definição

$$n_1 = (x + 0); \; n_2 = (x + 1); \; n_3 = (x + 2); \; n = (x + 3)$$

2º - Sentença (I)

$$y^2 = n_1 \cdot n_2 \cdot n_3 \cdot n + 1$$

3º - Sentença (II)

$$y^2 = (x + 0) \cdot (x + 1) \cdot (x + 2) \cdot (x + 3) + 1$$

4º - Síntese da Sentença

$$y^2 = (x^2 + 3x + 1)^2$$

5º - Teorema

$$y^2 = (n_1 \cdot n + 1)^2$$

6º - Primeira Fórmula

$$y^2 = \{[(2x + 3)^2 - 5]/4\}^2$$

7º - Segunda Fórmula

$$y^2 = \{n \cdot [(2n - 9) + n]/3 + 1\}^2$$

8º - Terceira Fórmula

$$y^2 = n!/(n - 4)! + 1$$

9º - Quarta Fórmula

$$x = [\sqrt{(5 + 4y)} - 3]/2$$

Artigos Matemáticos
Leandro Bertoldo

ARTIGO XXVII

SÉRIE AO CUBO

1. Introdução

Considere as seguintes séries numéricas:

$1 \times 2 \times 3 + 2 = 8 = 2^3$
$2 \times 3 \times 4 + 3 = 27 = 3^3$
$3 \times 4 \times 5 + 4 = 64 = 4^3$
$4 \times 5 \times 6 + 5 = 125 = 5^3$
$5 \times 6 \times 7 + 6 = 216 = 6^3$
$6 \times 7 \times 8 + 7 = 343 = 7^3$

Essas séries podem ser expressas da seguinte forma:

$$(x + 0) \cdot (x + 1) \cdot (x + 2) + (x + 1) = (x + 1)^3$$

Desenvolvendo tal expressão, obtém-se que:

$$x^3 + 3x^2 + 2x = (x + 0) \cdot (x + 1) \cdot (x + 2)$$
$$x^3 + 3x^2 + 2x + x + 1 = (x + 1)^3$$
$$x^3 + 3x^2 + 3x + 1 = (x + 1)^3$$
$$x^3 + 3(x^2 + x) + 1 = (x + 1)^3$$

2. Número de Arranjos

Na série apresentada tal que:

$$(x + 0) \cdot (x + 1) \cdot (x + 2) + (x + 1) = (x + 1)^3$$

Pode-se definir que:

$$n_1 = (x + 0)$$
$$n_2 = (x + 1)$$
$$n = (x + 2)$$

Portanto, pode-se escrever que:

$$n_1 \cdot n_2 \cdot n + n = n^3{}_2$$

Observa-se claramente que a primeira parte da série apresentada é o número de arranjos de (n) elementos (p) a (p). Portanto, pode-se escrever que:

$$A_{n,3} + n_2 = n^3{}_2$$

Logo, se conclui que:

$$A_{n,3} = n!/(n - 3)! + n_2 = n^3{}_2$$

3. Simplificando para o Quadrado Perfeito

Foi demonstrado que:

$$n_1 \cdot n_2 \cdot n + n_2 = n_2^3$$
$$n_1 \cdot n_2 \cdot n = n_2^3 - n_2$$
$$n_1 \cdot n_2 \cdot n = n_2 \cdot (n_2^2 - 1)$$

Eliminando os termos em evidência vem que:

$$n_1 \cdot n = n_2^2 - 1$$
$$\mathbf{n_1 \cdot n + 1 = n_2^2}$$

4. Fórmula do Termo Geral

A partir da equação do quadrado perfeito pode-se estabelecer uma equação geral para qualquer potência. Observe:

$$n_1 \cdot n + 1 = n_2^2$$

Multiplicando ambos membros por (n_2), obtém-se que:

$$n_2 \cdot (n_1 \cdot n + 1) = n_2^3$$

Novamente multiplicando-se ambos membros por (n_2), obtém-se que:

$$n_2^2 \cdot (n_1 \cdot n + 1) = n_2^4$$

Outra vez multiplicando-se ambos membros por (n_2), obtém-se que:

$$n^3{}_2 \cdot (n_1 \cdot n + 1) = n^5{}_2$$

Generalizando os referidos resultados, conclui-se que:

$$n^{p-2}{}_2 \cdot (n_1 \cdot n + 1) = n^p{}_2$$

5. Generalização Para a Fórmula do Número de Arranjos

Pode-se demostrar que:

a) $[n!/(n-3)!] \cdot n^0{}_2 + n^0{}_2 = n^2{}_2$

b) $[n!/(n-3)!] \cdot n^0{}_2 + n^1{}_2 = n^3{}_2$

c) $[n!/(n-3)!] \cdot n^1{}_2 + n^2{}_2 = n^4{}_2$

d) $[n!/(n-3)!] \cdot n^2{}_2 + n^3{}_2 = n^5{}_2$

Generalizando o referido resultado pode-se escrever que:

$$[n!/(n-3)!] \cdot n^{p-3}{}_2 + n^{p-2}{}_2 = n^p{}_2$$

ARTIGO XXVIII
CÁLCULO DE ÁREAS DE ALGUMAS FIGURAS

Considere a seguinte figura geométrica:

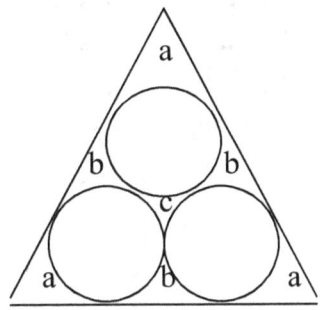

Pede-se: Calcular a área das figuras **a**, **b** e **c**.

1º - Para calcular a área (**b**), considere a seguinte figura:

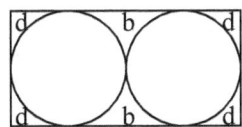

Na referida figura a área (**b**) aparece, entretanto também aparece uma nova área (**d**). Portanto, antes de calcular a área (**b**) deve-se proceder ao cálculo dessa nova área (**d**). Para isso, considere a seguinte figura:

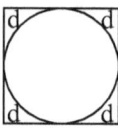

Na referida figura aparece a área (**d**). Portanto podemos calculá-la da seguinte forma: A área do quadrado (**Q**) é igual a soma entre a área do círculo (**A**) e das quatro figuras nas extremidades do quadrado (**4d**). Logo, pode-se escrever que:

$$Q = A + 4d$$

Logo a área (**d**) pode ser representada por:

$$d = (Q - A)/4$$

Ora! A área do quadrado é igual ao lado (**L**) elevado ao quadrado. Simbolicamente, pode-se escrever que:

$$Q = L^2$$

Também se sabe que a área do círculo é igual ao valor de pi (π) multiplicado pelo raio elevado ao quadrado.

O referido enunciado é expresso simbolicamente por:

$$A = \pi \cdot R^2$$

Portanto, substituindo convenientemente os três últimos resultados, obtém-se que:

$$d = (L^2 - \pi \cdot R^2)/4$$

Ocorre que na última figura apresentada, o lado (**L**) do quadrado é igual ao diâmetro (**D**) do círculo. Ou seja:

$$L = D$$

Porém sabe-se que o diâmetro é o dobro do raio. Ou melhor:

$$D = 2R$$

Portanto, pode-se escrever que:

$$L = 2R$$

Assim, pode-se concluir que:

$$d = (4R - \pi \cdot R^2)/4$$

Desenvolvendo a referida expressão, resulta que:

$$d = 4R/4 - \pi \cdot R^2/4$$
$$d = R - (\pi \cdot R^2/4)$$
$$d = R \cdot [1 - (\pi \cdot R/4)]$$

Voltando a seguinte figura, pode-se concluir que:

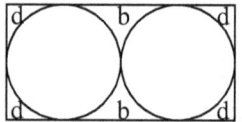

A referida figura é o dobro da figura anterior. Portanto a área (**b**) é o dobro da área (**d**). Logo, pode-se escrever que:

$$b = 2d$$

Assim, resulta que:

$$b = 2R \cdot [1 - (\pi \cdot R/4)]$$

Também se pode escrever que:

$$b = R \cdot [2 - (2\pi \cdot R/4)]$$

Ocorre que o perímetro do círculo é expresso por:

$$P_0 = 2\pi \cdot R$$

Portanto pode-se escrever que:

$$b = R \cdot [2 - (P_0/4)]$$

2º - Para calcular a área (**a**), considere a seguinte figura:

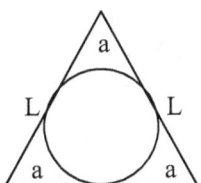

Na referida figura a área do triângulo eqüilátero (**T**) é a soma entre a área do círculo (**A**) e das três figuras (**a**) nas extremidades do triângulo.

Simbolicamente, o referido enunciado é expresso por:

$$T = A + 3a$$

Portanto a área (**a**) pode ser representada da seguinte forma:

$$a = (T - A)/3$$

Sabe-se que a área de um triângulo eqüilátero é expressa por:

$$T = L^2 \cdot (\sqrt{3}/4)$$

Também se sabe que a área de um círculo é expressa por:

$$A = \pi \cdot R^2$$

Substituindo convenientemente as três últimas expressões, vem que:

$$a = [L^2 \cdot (\sqrt{3}/4) - \pi \cdot R^2]/3$$

3º - Para calcular a área (**c**), considere a seguinte figura:

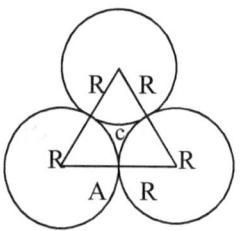

Na referida figura a área procurada (**c**) é igual à diferença entre a área do triângulo eqüilátero pela área do setor circular.

No caso de cada círculo ele está dividido em seis partes iguais. E como a área total do círculo é expressa por:

$$A = \pi \cdot R^2$$

Então se pode escrever que a área do setor de cada círculo é expressa por:

$$I = \pi \cdot R^2/6$$

Como são três círculos envolvidos, pode-se escrever que:

$$I = 3\pi \cdot R^2/6$$

O que resulta:

$$I = \pi \cdot R^2/2$$

Sabe-se que a área de um triângulo eqüilátero é expresso por:

$$T = L^2 \cdot (\sqrt{3}/4)$$

Onde (L) corresponde ao lado do triângulo. Como no caso em questão o lado corresponde ao diâmetro do círculo, pode-se escrever que:

$$T = (R + R)^2 \cdot (\sqrt{3}/4)$$

Portanto a área (**c**) é expressa por:

$$c = (R + R)^2 \cdot (\sqrt{3}/4) - (\pi \cdot R^2)/2$$

Desenvolvendo, resulta:

$$c = (2R)^2 \cdot (\sqrt{3}/4) - \pi \cdot R^2/2$$
$$c = 4R^2 \cdot (\sqrt{3}/4) - \pi \cdot R^2/2$$
$$c = 4R^2 \cdot [(\sqrt{3}/4) - \pi/8]$$

O perímetro do círculo é expresso por:

$$P = \pi \cdot R$$

Portanto pode-se escrever que:

$$R^2 = P^2/\pi^2$$

Logo vem que:

$$c = 4P^2/\pi^2 \cdot [(\sqrt{3}/4) - \pi/8]$$

Assim, resulta:

$$c = 4P^2/\pi^2 \cdot (\sqrt{3}/4) - 4P^2 \cdot \pi/\pi^2 \cdot 8$$

Eliminando os termos em evidência, vem que:

$$c = 4P^2/\pi^2 \cdot (\sqrt{3}/4) - P^2/2\pi$$

Desse modo pode-se escrever que:

$$c = P^2/2\pi \cdot [8/\pi \cdot (\sqrt{3}/4) - 1]$$

Ocorre que o perímetro (**n**) de (**c**) é expresso por:

$$n = \pi \cdot R \cdot 3/6$$

O que resulta em:

$$n = \pi \cdot R/2$$

Como $P^2 = \pi^2 \cdot R^2$, pode-se escrever que:

$$P^2 = n^2 \cdot 4$$

Assim, resulta:

$$c = 4n^2/2\pi \cdot [8/\pi \cdot (\sqrt{3}/4) - 1]$$

Simplificando:

$$c = 2n^2/\pi \cdot [8/\pi \cdot (\sqrt{3}/4) - 1]$$

Artigos Matemáticos
Leandro Bertoldo

ARTIGO XXIX
VALOR BIA

1. Cálculo Bia

Considere um quadrado com uma diagonal inscrita sobre ele de extremidade a extremidade, conforme a seguinte figura:

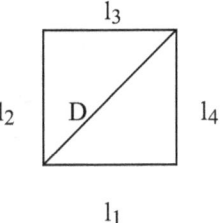

Sendo:

$$l = l_1 = l_2 = l_3 = l_4$$

Pelo teorema de Pitágoras, pode-se escrever que a diagonal é representada por:

$$D^2 = l^2_1 + l^2_4$$

Ou seja:

$$D^2 = 2l^2$$

O perímetro do quadrado é expresso por:

$$P = l_1 + l_2 + l_3 + l_4$$

Portanto, conclui-se que:

$$P = 4l$$

A razão entre o perímetro pela diagonal pode ser expressa por:

$$P/D = 4l/D$$

Como:

$$D^2 = 2l^2$$

Pode-se escrever que:

$$P^2/D^2 = 4^2 \cdot l^2/D^2 = 16l^2/2l^2$$

Eliminando os termos em evidência, resulta que:

$$P^2/D^2 = 16/2 = 8$$

Portanto:

$$P^2/D^2 = 8$$

Ou seja:

$$P/D = \sqrt{8}$$

Assim, resulta que:

$$P/D = \sqrt{8} = 2,628471$$

Esse valor recebe a denominação de número bia, que é representado simbolicamente por:

$$B = 2,6284271$$

Portanto, pode-se escrever que:

$$P = B \cdot D$$

2. Cálculo da Área (I)

A área da figura supra mencionada é igual ao quadrado dos lados. Ou seja:

$$A = l^2$$

Aplicando-se o teorema de Pitágoras ao cálculo da diagonal da referida figura, pode-se escrever que:

$$D^2 = l^2_1 + l^2_4$$

Como: $l_1 = l_2 = l_3 = l_4$, pode-se escrever que:

$$D^2 = 2l^2$$

Igualando convenientemente as duas últimas expressões, vem que:

$$D^2 = 2A$$

Portanto, pode-se escrever que:

$$A = D^2/2$$

Porém, foi demonstrado que:

$$P = B \cdot D$$

Logo, pode-se escrever que:

$$D^2 = P^2/B^2$$

Assim, substituindo convenientemente as expressões consideradas, pode-se escrever que:

$$A = 1/2 \cdot P^2/B^2$$

3. Cálculo de Área (II)

O perímetro do quadrado é expresso por:

$$P = 4l$$

Como $A = l^2$, pode-se escrever que:

$$P^2 = 4^2 \cdot l^2$$

Ou seja:

$$P^2 = 4^2 \cdot A$$

Assim vem que:

$$A = P^2/4^2$$

Como: $P = B \cdot D$, pode-se escrever que: $P^2 = B^2 \cdot D^2$. Portanto, substituindo convenientemente as duas últimas expressões, resulta que:

$$A = B^2 \cdot D^2/4^2$$

O que resulta em: $\sqrt{A} = B \cdot D/4$

Artigos Matemáticos
Leandro Bertoldo

ARTIGO XXX

DISTRIBUIÇÃO DE COMBINAÇÕES

1. Introdução

Seja (**A**) um conjunto com (**n**) elementos. Os subconjuntos de (**A**) com (**p**) elementos constituem agrupamentos que são chamados por combinações dos (**n**) elementos de (**A**), **p** a **p**.

Ocorre que os elementos (**n**) de um conjunto (**A**), são distribuídos em subconjuntos; e a distribuição de combinação procura estabelecer um método matemático de processamento de tal distribuição.

2. Equação Básica de Distribuição

Seja um conjunto (**A**) de (**n**) elementos:

$$A = (a_1, a_2, a_3, a_4, ..., a_n)$$

A combinação dos (**n**) elementos, distribuídos **n** a **n**, ($D_{n,p}$) escreve a seguinte verdade:

$$D_{n,p} = A$$

Já a combinação de (**n**) elementos, distribuídos a [$D_{n,(n-1)}$], me permite enunciar o seguinte postulado básico: *A distribuição (D) de (n) elemento a (n – 1) implica ao inverso dos elementos do conjunto (A); e, cujo, o quociente da regra do produto pela soma é igual à distribuição de uma combinação.*

Para compreender o significado fundamental do referido enunciado, considere um conjunto (**A**) com (**n**) elementos:

$$A = (a_1, a_2, a_3, ..., a_n)$$

De acordo com o referido enunciado, posso escrever que:

$$D_{n,(n-1)} = (1/a_1), (1/a_2), (1/a_3), ..., (1/a_n)$$

Aplicando a regra do produto pela soma, posso escrever que:

$$D_{n,(n-1)} \Rightarrow [(a_2, a_3, ..., a_n), (a_1, a_3, ..., a_n), (a_1, a_2, ..., a_n), (a_1, a_2, a_3, ...)]/[(a_1, a_2, a_3, ..., a_n)]$$

E de acordo com o postulado básico retro mencionado, o quociente da regra do produto pela soma, representa a distribuição que defendo neste artigo [$D_{n,(n-1)}$], em uma combinação. Assim, posso escrever que:

$$D_{n,(n-1)} = (a_2, a_3, ..., a_n), (a_1, a_3, ..., a_n), (a_1, a_2, ..., a_n),$$
$$(a_1, a_2, a_3, ...)$$

Para efeito de exemplo, considere os seguintes casos:

a) $A = (a_1, a_2)$

Pelo processo apresentado no presente trabalho, posso escrever que:

$$D_{2,(2-1)} \Rightarrow (1/a_1), (1/a_2)$$

Pelo conceito de mínimo múltiplo comum, posso escrever que:

$$D_{2,1} \Rightarrow (a_2), (a_1)/(a_1, a_2)$$

Portanto, considerando o quociente da referida relação, posso concluir que:

$$D_{2,1} = (a_1), (a_2)$$

b) $A = (a_1, a_2, a_3)$

Considerando o inverso dos referidos elementos, posso escrever que:

$$D_{3,(3-1)} \Rightarrow (1/a_1), (1/a_2), (1/a_3)$$

Pela noção de mínimo múltiplo comum, pode-se escrever que:

$$D_{3,2} \Rightarrow [(a_2, a_3), (a_1, a_3), (a_1, a_2)]/[(a_1, a_2, a_3)]$$

Ao considerar apenas o quociente da referida relação posso escrever que:

$$D_{3,2} = (a_2, a_3), (a_1, a_3), (a_1, a_2)$$

c) $A = (a_1, a_2, a_3, a_4)$

Resolvendo tal conjunto de acordo com os passos realizados nos exemplos anteriores, posso escrever que:

$$D_{4,(4-1)} \Rightarrow (1/a_1), (1/a_2), (1/a_3), (1/a_4)$$

Portanto, vem que:

$$D_{4,3} \Rightarrow [(a_2, a_3, a_4)(a_1, a_3, a_4)(a_1, a_2, a_4), (a_1, a_2, a_3)]/[(a_1, a_2, a_3, a_4)]$$

Logo, conclui-se que:

$$D_{4,3} = (a_2, a_3, a_4), (a_1, a_3, a_4), (a_1, a_2, a_4), (a_1, a_2, a_3)$$

3. Generalização da Equação Fundamental

Considere um conjunto (**A**), com (**n**) elementos, numa distribuição básica de $D_{n,(n-1)}$. Ou seja:

$$A = (a_1, a_2, a_3, ..., a_n)$$

Afirmo que:

$$D_{n,(n-1)} = (A/a_1), (A/a_2), (A/a_3), ..., (A/a_n)$$

Sendo que tal expressão representa a generalização do conceito defendido no presente artigo. Para efeito de visualização, considere os seguintes exemplos:

a) $A = (a_1, a_2)$

Aplicando a equação fundamental, vem que:

$$D_{2,(2-1)} = (a_1, a_2/a_1), (a_1, a_2/a_2)$$

Eliminando os termos em evidência, resulta que:

$$D_{2,1} = (a_2), (a_1)$$

b) $A = (a_1, a_2, a_3)$

Aplicando a equação fundamental, vem que:

$$D_{3,(3-1)} = (A/a_1), (A/a_2), (A/a_3)$$

Assim, vem que:

$$D_{3,2} = (a_1, a_2, a_3/a_1), (a_1, a_2, a_3/a_2), (a_1, a_2, a_3/a_3)$$

Ao eliminar os termos em evidência, resulta que:

$$D_{3,2} = (a_2, a_3), (a_1, a_3), (a_1, a_2)$$

Agora, considere uma combinação de quatro elementos de um conjunto (**A**), três a três.

c) $A = (a_1, a_2, a_3, a_4)$

A distribuição permite escrever que:

$$D_{4,(4-1)} = (A/a_1), (A/a_2), (A/a_3), (A/a_4)$$

Portanto, posso escrever que:

$$D_{4,3} = (a_1, a_2, a_3, a_4/a_1), (a_1, a_2, a_3, a_4/a_2), (a_1, a_2, a_3, a_4/a_3), (a_1, a_2, a_3, a_4/a_4)$$

Ao eliminar os termos em evidência de cada um dos parênteses, obtém-se a seguinte distribuição:

$$D_{4,3} = (a_2, a_3, a_4)(a_1, a_3, a_4)(a_1, a_2, a_4), (a_1, a_2, a_3)$$

4. Processo Geral

O processo geral consiste em partir de uma distribuição ($D_{n,(n-1)}$), e sucessivamente obter as distribuições intermediárias ($D_{n,(n-2)}$), ($D_{n,(n-3)}$) até ($D_{n,(n-n)}$). Ou melhor, a partir de um conjunto (**A**) com (**n**) elementos, deve-se fazer a distribuição ($D_{n,(n-1)}$), a qual resultará em alguns subconjuntos (**B**) de (**A**), e novamente fazer a distribuição desses subconjuntos, para obter ($D_{n,(n-2)}$). Como numa distribuição de subconjuntos existem muitos elementos repetidos, eles devem ser eliminados, ficando apenas um, representando-o na distribuição.

Em um meio mais simples basta colocar os elementos dos subconjuntos de (**A**) no inverso, e através da regra do produto pela soma, obter no quociente a nova distribuição.

Seja, então, a seguinte distribuição inicial:

$$A = (a_1, a_2, a_3, ..., a_n)$$

$$D_{n,(n-1)} = (A/a_1), (A/a_2), (A/a_3), ..., (A/a_n)$$

Sendo:

$$(A/a_1) = B_1, (A/a_2) = B_2, (A/a_3) = B_3, ..., (A/a_n) = B_n$$

E também sendo os subconjuntos constituídos por:

$$B_1 = (a_x, a_y, a_z, ..., a_s)$$
$$B_2 = (a_r, a_p, a_m, ..., a_b)$$
$$B_3 = (a_f, a_g, a_h, ..., a_i)$$

Posso concluir que a distribuição $D_{n,(n-2)}$ será a seguinte:

a) $D_{n,(n-2)} = (B_1/a_x), (B_1/a_y), (B_1/a_z), ..., (B_1/a_s)$

b) $D_{n,(n-2)} = (B_2/a_r), (B_2/a_p), (B_2/a_m), ..., (B_2/a_b)$

c) $D_{n,(n-2)} = (B_3/a_f), (B_3/a_g), (B_3/a_h), ..., (B_3/a_i)$

Cancelando os termos que se repetem no sub-subconjunto (**B**), e inscrevendo-os, obtém-se:

$$D_{n,(n-2)} = c_1, c_2, c_3, ..., c_n$$

Para efeito de visualização, considere o seguinte exemplo:

$$A = (a_1, a_2, a_3, a_4, a_5)$$

Uma distribuição inicial permite escrever que:

$$D_{5,(5-1)} = (A/a_1), (A/a_2), (A/a_3), (A/a_4), (A/a_5)$$

Ou seja:

$D_{5,4} = (a_1, a_2, a_3, a_4, a_5/a_1), (a_1, a_2, a_3, a_4, a_5/a_2), (a_1, a_2, a_3, a_4, a_5/a_3), (a_1, a_2, a_3, a_4, a_5/a_4), (a_1, a_2, a_3, a_4, a_5/a_5)$

Ao eliminar os termos em evidência, resulta que:

$D_{5,4} = (a_2, a_3, a_4, a_5), (a_1, a_3, a_4, a_5), (a_1, a_2, a_4, a_5), (a_1, a_2, a_3, a_5), (a_1, a_2, a_3, a_4)$

Sendo:

$B_1 = (a_2, a_3, a_4, a_5)$
$B_2 = (a_1, a_3, a_4, a_5)$
$B_3 = (a_1, a_2, a_4, a_5)$
$B_4 = (a_1, a_2, a_3, a_5)$
$B_5 = (a_1, a_2, a_3, a_4)$

Posso escrever, pelo processo geral que:

$D_{5,(4-1)} \Rightarrow (B_1/a_2), (B_1/a_3), (B_1/a_4), (B_1/a_5), (B_2/a_1), (B_2/a_3), (B_2/a_4), (B_2/a_5), (B_3/a_1), (B_3/a_2), (B_3/a_4), (B_3/a_5),$

(B_4/a_1), (B_4/a_2), (B_4/a_3), (B_4/a_5), (B_5/a_1), (B_5/a_2), (B_5/a_3), (B_5/a_4)

Ou seja:

$D_{5,3} \Rightarrow$ $(a_2, a_3, a_4, a_5/a_2)$, $(a_2, a_3, a_4, a_5/a_3)$, $(a_2, a_3, a_4, a_5/a_4)$, $(a_2, a_3, a_4, a_5/a_5)$, $(a_1, a_3, a_4, a_5/a_1)$, $(a_1, a_3, a_4, a_5/a_3)$, $(a_1, a_3, a_4, a_5/a_4)$, $(a_1, a_3, a_4, a_5/a_5)$, $(a_1, a_2, a_4, a_5/a_1)$, $(a_1, a_2, a_4, a_5/a_2)$, $(a_1, a_2, a_4, a_5/a_4)$, $(a_1, a_2, a_4, a_5/a_5)$, $(a_1, a_2, a_3, a_5/a_1)$, $(a_1, a_2, a_3, a_5/a_2)$, $(a_1, a_2, a_3, a_5/a_3)$, $(a_1, a_2, a_3, a_5/a_5)$, $(a_1, a_2, a_3, a_4/a_1)$, $(a_1, a_2, a_3, a_4/a_2)$, $(a_1, a_2, a_3, a_4/a_3)$, $(a_1, a_2, a_3, a_4/a_4)$

Ao eliminar os termos em evidência, resulta que:

$D_{5,3} \Rightarrow$ (a_3, a_4, a_5), (a_2, a_4, a_5), (a_2, a_3, a_5), (a_2, a_3, a_4), (a_3, a_4, a_5), (a_1, a_4, a_5), (a_1, a_3, a_5), (a_1, a_3, a_4), (a_2, a_4, a_5), (a_1, a_4, a_5), (a_1, a_2, a_5), (a_1, a_2, a_4), (a_2, a_3, a_5), (a_1, a_3, a_5), (a_1, a_2, a_5), (a_1, a_2, a_3), (a_2, a_3, a_4), (a_1, a_3, a_4), (a_1, a_2, a_4), (a_1, a_2, a_3)

Inscrevendo os termos que se repetem, obtém-se que:

$D_{5,3}$ = (a_3, a_4, a_5), (a_2, a_4, a_5), (a_2, a_3, a_5), (a_2, a_3, a_4), (a_1, a_4, a_5), (a_1, a_3, a_5), (a_1, a_3, a_4), (a_1, a_2, a_5), (a_1, a_2, a_4), (a_1, a_2, a_3)

Considerando:

$C_1 = (a_3, a_4, a_5)$, $C_2 = (a_2, a_4, a_5)$, $C_3 = (a_2, a_3, a_5)$, $C_4 = (a_2, a_3, a_4)$, $C_5 = (a_1, a_4, a_5)$, $C_6 = (a_1, a_3, a_5)$, $C_7 = (a_1, a_3, a_4)$, $C_8 = (a_1, a_2, a_5)$, $C_9 = (a_1, a_2, a_4)$, $C_{10} = (a_1, a_2, a_3)$

Posso obter a seguinte distribuição:

$D_{5,(3-1)} \Rightarrow$ (C_1/a_3), (C_1/a_4), (C_1/a_5), (C_2/a_2), (C_2/a_4), (C_2/a_5), (C_3/a_2), (C_3/a_3), (C_3/a_5), (C_4/a_2), (C_4/a_3), (C_4/a_4), (C_5/a_1), (C_5/a_4), (C_5/a_5), (C_6/a_1), (C_6/a_3), (C_6/a_5), (C_7/a_1), (C_7/a_3), (C_7/a_4), (C_8/a_1), (C_8/a_2), (C_8/a_5), (C_9/a_1), (C_9/a_2), (C_9/a_4), (C_{10}/a_1), (C_{10}/a_2), (C_{10}/a_3)

Desenvolvendo tal expressão de acordo com o procedimento anterior, obtém-se que:

$D_{5,2} = (a_2, a_3), (a_2, a_4), (a_3, a_4), (a_2, a_5), (a_1, a_4), (a_1, a_3), (a_1, a_5), (a_1, a_2), (a_3, a_5), (a_4, a_5)$

Artigos Matemáticos
Leandro Bertoldo

ARTIGO XXXI

GRÁFICO QUADRICULADO (I)

1. Função Básica I

Considere que a potência (x^2), seja representada pelo seguinte gráfico quadriculado:

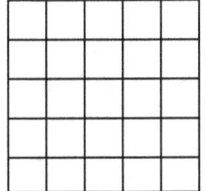

Agora considere que o referido gráfico seja envolvido por duas colunas gráficas dispostas no modo vertical e horizontal, conforme o seguinte gráfico quadriculado:

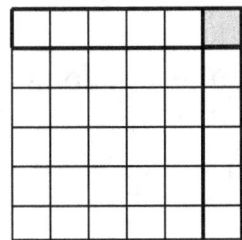

É claro que o valor das colunas que envolvem o gráfico (x^2) pode ser expressa por:

$$2x + 1$$

Se, $z^2 = x^2 + y^2$, pode-se escrever que:

$$z^2 = x^2 + 2x + 1$$

Ou seja:

$$x^2 + y^2 = x^2 + 2x + 1$$

Eliminando os termos em evidência, resulta que:

$$y^2 = 2x + 1$$

2. Fórmula I

Para encontrar o valor de (**z**) da equação $z^2 = x^2 + 2x + 1$, deve-se proceder da seguinte forma:

1º - Igualar o seu resultado no segundo membro:

$$x^2 + 2x + 1 = z^2$$

2º - Transportando o número (1) para o segundo membro:

$$x^2 + 2x = z^2 - 1$$

3º - Multiplicando-se os membros por "quatro":

$$4x^2 + 8x = 4(z^2 - 1)$$

4º - Adicionando-se "quatro" aos membros:

$$4x^2 + 8x + 4 = 4 + 4(z^2 - 1)$$

5º - Fatorando o primeiro membro:

$$(2x + 2)^2 = 4 + 4(z^2 - 1)$$

6º - Simplificando os membros, obtém-se que:

$$(2x + 2)^2 = 4 + 4z^2 - 4$$
$$(2x + 2)^2 = 4z^2$$
$$(2x + 2)^2 = (2z)^2$$

7º - Extraindo a raiz quadrada de ambos os membros:

$$\sqrt{(2x + 2)^2} = \sqrt{(2z)^2}$$

Eliminando os índices em evidências:

$$2x + 2 = 2z$$
$$z = (2x + 2)/2$$

$$z = 2x/2 + 2/2$$

$$z = x + 1$$
$$\text{ou}$$
$$z^2 = (x + 1)^2$$

3. Função Básica II

Agora considere a seguinte potência (y^2). E que a referida potência seja representada pelo seguinte gráfico quadriculado:

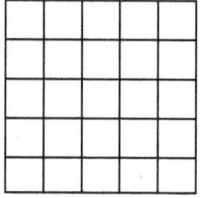

Considere que o referido gráfico seja envolvido por duas colunas gráficas dispostas no modo vertical e horizontal, conforme o seguinte gráfico quadriculado:

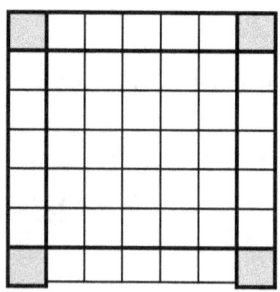

É evidente que o valor das colunas que envolvem o gráfico (y^2) pode ser expressa por:

$$4(y + 1)$$

Se, $z^2 = x^2 + y^2$, pode-se escrever que:

$$z^2 = 4(y + 1) + y^2$$

Ou seja:

$$x^2 + y^2 = 4(y + 1) + y^2$$

Eliminando os termos em evidência, resulta que:

$$x^2 = 4(y + 1)$$

4. Fórmula II

Considere as seguintes equações:

a) $z^2 = x^2 + y^2$
b) $y^2 = 2x + 1$
c) $x^2 = 4(y + 1)$

Substituindo convenientemente as três últimas expressões, obtém-se que:

$$z^2 = 2x + 1 + 4(y + 1)$$
$$z^2 = 2x + 1 + 4y + 4$$
$$z^2 = 2x + 4y + 5$$

5. Fórmula III

Para encontrar o valor de (z) da equação $z^2 = y^2 + 4(y + 1)$

1º - Igualar o seu resultado no segundo membro:

$$y^2 + 4(y + 1) = z^2$$
$$y^2 + 4y + 4 = z^2$$

2º - Transportar o número (4) para o segundo membro:

$$y^2 + 4y = z^2 - 4$$

3º - Multiplicando-se os membros por "quatro":

$$4y^2 + 16y = 4z^2 - 16$$

4º - Adicionando-se dezesseis aos membros:

$$4y^2 + 16y + 16 = 4z^2 - 16 + 16$$

5º - Fatorando o primeiro membro e simplificando o segundo:

$$(2y + 4)^2 = 4z^2$$
$$(2y + 4)^2 = (2z)^2$$

6º - Extraindo a raiz quadrada de ambos os membros:

$$\sqrt{(2y + 4)^2} = \sqrt{(2z)^2}$$

Eliminando os índices em evidência:

$$2y + 4 = 2z$$
$$z = (2y + 4)/2$$
$$z = 2y/2 + 4/2$$

$$z = y + 2$$
ou
$$z^2 = (y + 2)^2$$

6. Formula IV

Foi demonstrado que:

a) $z = (x + 1)$

b) $z = (y + 2)$

Igualando convenientemente as duas últimas expressões resulta que:

$$x + 1 = y + 2$$
$$x = y + 2 - 1$$
$$x = y + 1$$

7. Formula V

Considerando que:

$$z = (x + 1)$$
$$z = (y + 2)$$

Pode-se escrever que:

$$z^2 = (y + 2) \cdot (x + 1)$$

Cujo resultado é o seguinte:

$$z^2 = x \cdot y + 2x + y + 2$$

ARTIGO XXXII

GRÁFICO QUADRICULAR (II)

1. Função Básica I

Considere a seguinte potência (x^3), seja representado pelos seguintes gráfico quadriculados:

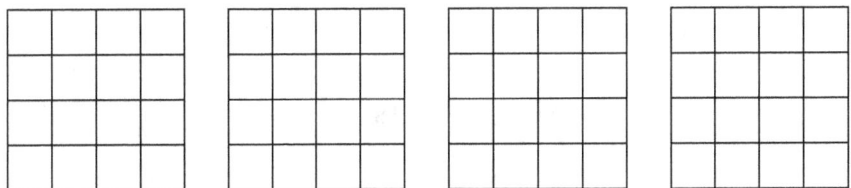

Agora considere que cada um dos referidos gráficos seja envolvido por duas colunas dispostas de modo vertical e horizontal, conforme exemplificado no seguinte quadro:

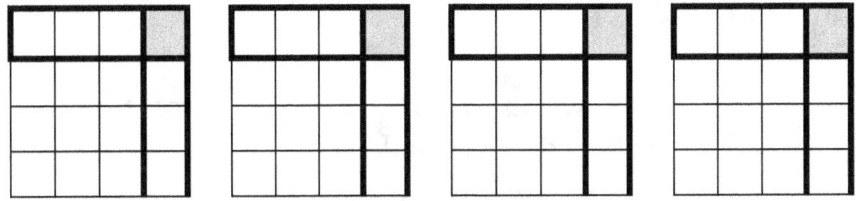

No exemplo acima mencionado fica claro que o valor das colunas que envolvem os gráficos (x^3) podem ser expressas por:

$$x \cdot (2x + 1)$$
$$\text{ou}$$
$$2x^2 + x$$

Entretanto, se $z^3 = x^3 + y^2$, pode-se estabelecer que:

$$z^3 = x^3 + 2x^2 + x$$

Ou seja:

$$x^3 + y^2 = x^3 + 2x^2 + x$$

Eliminando os termos em evidência, resulta que:

$$y^2 = 2x^3 + x$$
$$\text{ou}$$
$$y^2 = x(2x + 1)$$

2. Função Básica II

Considere a seguinte potência (x^3), representada pelo seguinte gráfico quadriculado:

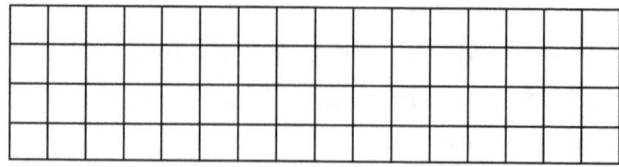

Agora considere que o referido gráfico seja envolvido por duas colunas dispostas de modo vertical e horizontal, conforme o seguinte exemplo:

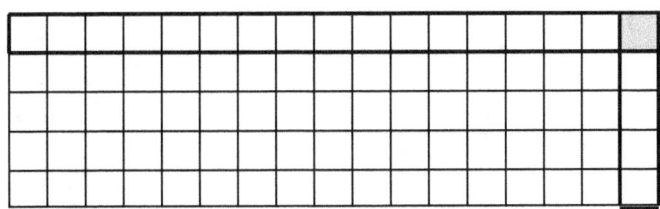

No exemplo acima, fica claro que o valor das colunas que envolvem o gráfico (x^3) podem ser expresso por:

$$x^2 + x + 1$$

Porém, se $z^3 = x^3 + y^2$, pode-se escrever que:

$$z^3 = x^3 + x^2 + x + 1$$

Ou seja:

$$x^3 + y^2 = x^3 + x^2 + x + 1$$

Eliminando os termos em evidência, vem que:

$$y^2 = x^2 + x + 1$$

Artigos Matemáticos
Leandro Bertoldo

ARTIGO XXXIII

GRÁFICO QUADRICULAR (III)

1. Função Básica (I)

Considere que a potência (x^4), seja representada pelos seguintes gráficos quadriculados:

Agora considere que cada um dos referidos gráficos seja envolvido por duas colunas dispostas de modo vertical e horizontal, conforme exemplificado no seguinte quadro:

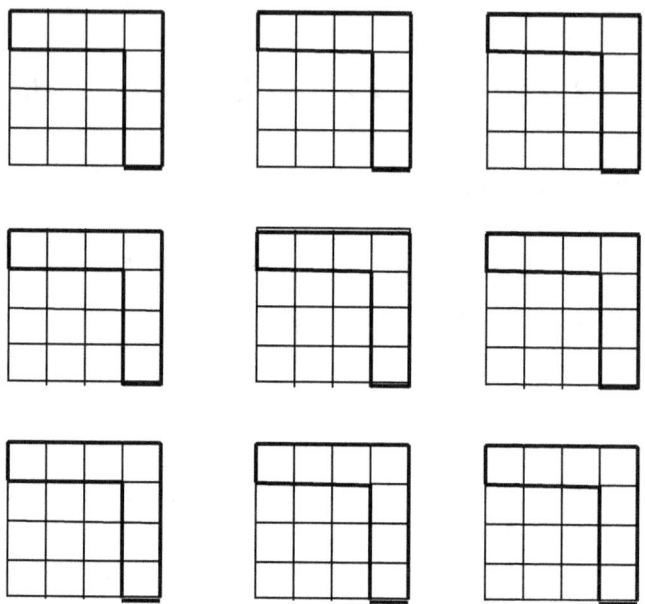

No exemplo acima fica claro que o valor das colunas que envolvem os gráficos (x^4) pode ser expresso por:

$$x^2(2x + 1)$$
ou
$$2x^3 + x^2$$

Entretanto, se $z^4 = x^4 + y^2$, pode-se escrever que:

$$z^4 = x^4 + 2x^3 + x^2$$

Ou seja:

$$x^4 + y^2 = x^4 + 2x^3 + x^2$$

$$y^2 = 2x^3 + x^2$$

2. Função Básica (II)

Considere que a potência (x^4), seja representada pelo seguinte gráfico:

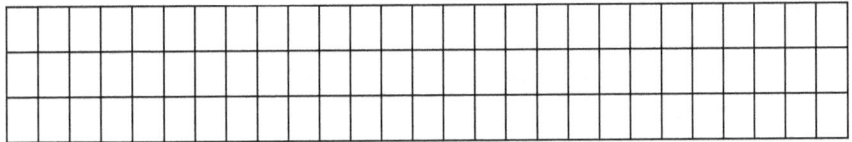

Agora considere que o referido gráfico seja envolvido por duas colunas dispostas em torno do gráfico, de modo vertical e horizontal, conforme o seguinte exemplo:

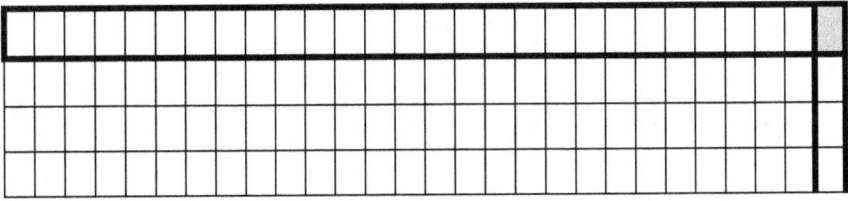

No exemplo acima fica claro que o valor das colunas que envolvem o gráfico (x^4) pode ser expresso por:

$$x^3 + x + 1$$

Porém, se $z^4 = x^4 + y^2$, pode-se escrever que:

$$z^4 = x^4 + x^3 + x + 1$$

Ou seja:

$$x^4 + y^2 = x^4 + x^3 + x + 1$$

$$y^2 = x^3 + x + 1$$

3. Resumo Geral

Relacionando os dados obtidos até o presente momento, tem-se:

$y^2 = x^0 \cdot (2x + 1)$

$y^3 = x^1 \cdot (2x + 1)$

$y^4 = x^2 \cdot (2x + 1)$

Generalizando os referidos resultados:

$$y^n = x^{n-2} \cdot (2x + 1)$$
ou
$$y^n = 2x^{n-1} + x^{n-2}$$

Também foi demonstrado que:

$$z^2 = x^2 + 2x + 1$$
$$z^3 = x^3 + 2x^2 + x$$
$$z^4 = x^4 + 2x^3 + x^2$$

$$z^n = x^n + 2x^{n-1} + x^{n-2}$$

Para obtermos um quadrado perfeito, temos algumas matrizes básicas, como por exemplo:

$$(5n)^2 = (3n)^2 + (4n)^2$$

$$(13n)^2 = (5n)^2 + (12n)^2$$

Artigos Matemáticos
Leandro Bertoldo

ARTIGO XXXIV
GEOMETRIA ESTÉTICA

1. Introdução

O presente artigo procurar apresentar uma forma de gráfico que produz uma visão estética de figuras geométricas, que se não for de grande utilidade, pelo menos apresenta uma beleza intrínseca na matemática.

2. Sistema Estético

Estabelecendo dois eixos **x** e **y**, consecutivos e perpendiculares entre si, cada qual se iniciando numa origem particular e numerado no sentido do movimento dos ponteiros de um relógio, e seja **D** o plano que os contém.

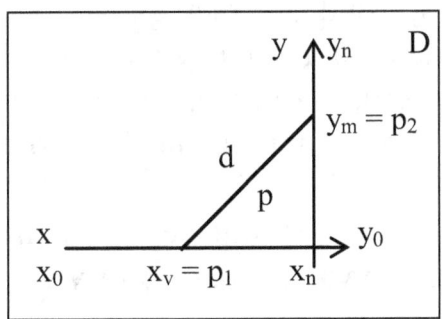

Dado um ponto qualquer **p**, deve-se conduzir por ele uma reta **d**, que sempre se origina no eixo **x** e se encerra no eixo **y**.

Define-se o ponto **p₂**, como o ponto que coincide com o eixo **y**, e o ponto **p₁**, como o ponto que se origina no eixo **x**.

3. Nomenclatura

a) As coordenadas da reta **d** são os números reais x_v e y_m, sempre indicados na forma de um par ordenado (**x**, **y**).

b) $x_n > x_v > x_0$

c) $y_n > y_m > y_0$

d) O sistema arte é o par de eixos perpendiculares x_0 x_n e y_0 y_n; onde, a reta que caracteriza o eixo dos **x** é inscrita na horizontal e a reta que caracteriza o eixo dos **y** é inscrita na vertical, ambos os eixos são orientados no sentido do movimento dos ponteiros de um relógio.

e) O ponto de interseção geométrica é aquele onde coincide o valor x_n e o valor y_0.

4. Distância Entre um Ponto x de um y

Dado um par ordenado (x_n, y_m), pretende-se calcular a distância existente entre os mesmos.

Para efeito de visualização, considere o seguinte gráfico estético:

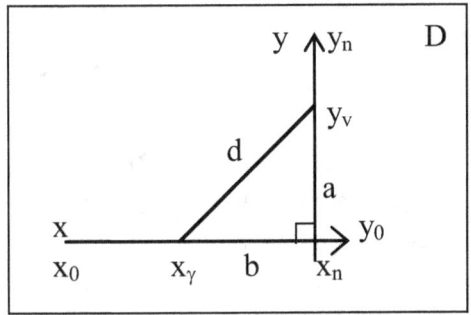

A referida figura equivale a um triângulo retângulo de vértices (x_y, y_v, y_0).

Pelo teorema de Pitágoras, sabe-se que:

$$d^2 = a^2 + b^2$$

Porém:

$$a = y_v - y_0 \quad \text{ou} \quad a = y_v$$

$$b = x_n - x_y$$

Então, substituindo convenientemente os referidos resultados no teorema de Pitágoras, vem que:

$$d^2 = y_v^2 + (x_n - x_y)^2$$

5. Função Linear

A função linear é caracterizada simbolicamente por:

$$y = b \cdot x$$

Onde (**b**) é um número real. Com isto, afirmo que toda reta está associada a uma equação linear de coordenadas (**x**, **y**).

a) Seja então, **b = 1**; isto implica que **y = x**, no gráfico arte, vem que:

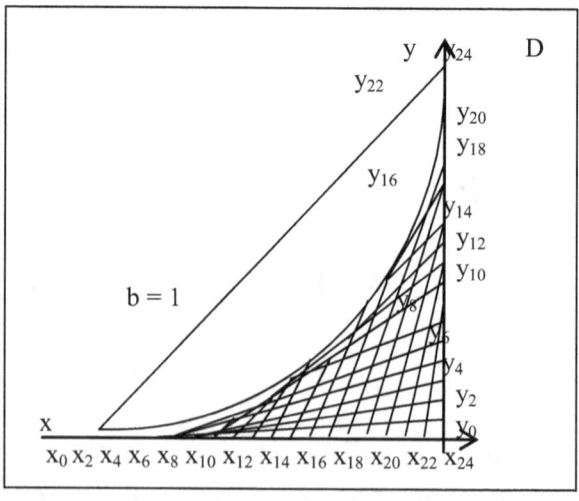

b) Seja então **b = 2**, então, vem que:
y = b . x
0 = 2 . 0
2 = 2 . 1
4 = 2 . 2
6 = 2 . 3
8 = 2 . 4
10 = 2 . 5
12 = 2 . 6
14 = 2 . 7
16 = 2 . 8
18 = 2 . 9
20 = 2 . 10
22 = 2 . 11
24 = 2 . 12

No gráfico, obtém-se a seguinte figura:

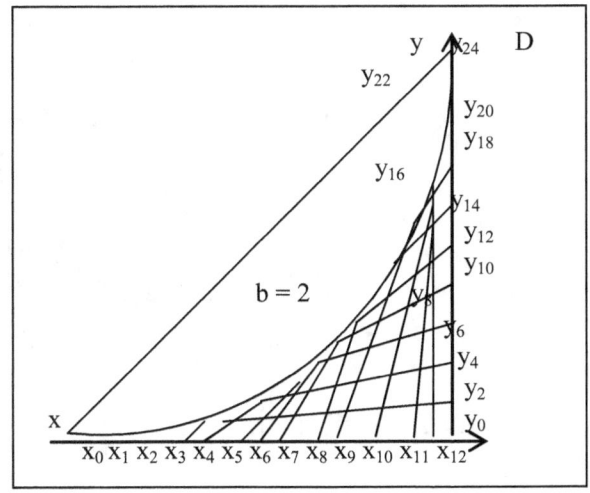

c) Seja, então, **b = 3**; então, vem que:

y = b . x
0 = 3 . 0
3 = 3 . 1
6 = 3 . 2
9 = 3 . 3
12 = 3 . 4
15 = 3 . 5
18 = 3 . 6
21 = 3 . 7
24 = 3 . 8

No gráfico, obtém-se a seguinte figura:

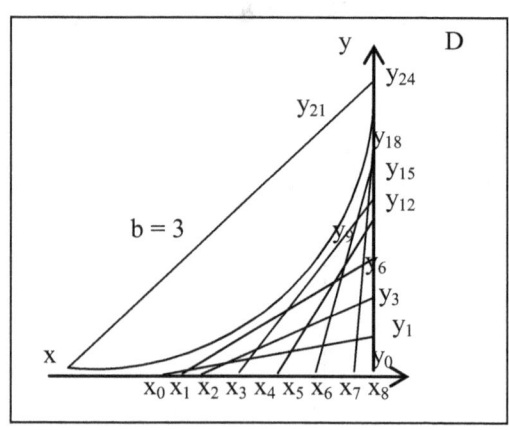

d) Seja, então, **b = 4**; assim, vem que:

y = b . x
0 = 4 . 0
4 = 4 . 1
8 = 4 . 2
12 = 4 . 3
16 = 4 . 4
20 = 4 . 5
24 = 4 . 6

No gráfico, obtém-se a seguinte figura:

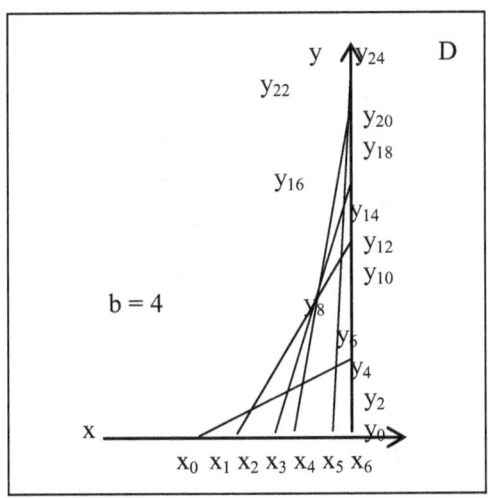

6. Função Linear do Segundo Grau

A função linear do segundo grau é caracterizada simbolicamente por:

$$y = b \cdot x^2$$

a) Seja então, **(b = 1)**, isto implica que **(y = x²)**, então, vem que:

$y = x^2$
$0 = 0^2$
$1 = 1^2$
$4 = 2^2$
$9 = 3^2$
$16 = 4^2$
$25 = 5^2$

No gráfico, vem que:

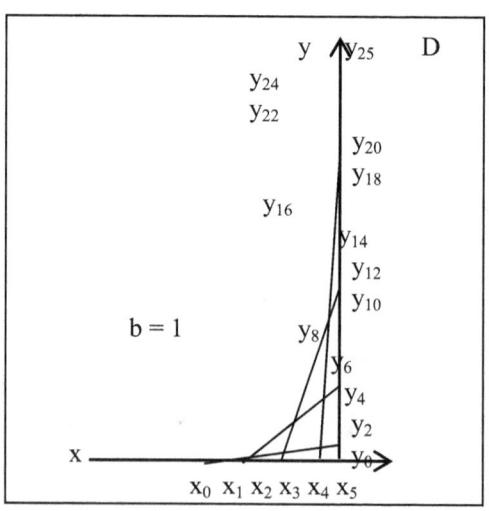

b) Seja então, (**b = 2**), isto implica que:

$$y = 2 \cdot x^2$$
$$0 = 2 \cdot 0^2$$
$$2 = 2 \cdot 1^2$$
$$8 = 2 \cdot 2^2$$
$$18 = 2 \cdot 3^2$$

No gráfico, obtém-se a seguinte figura:

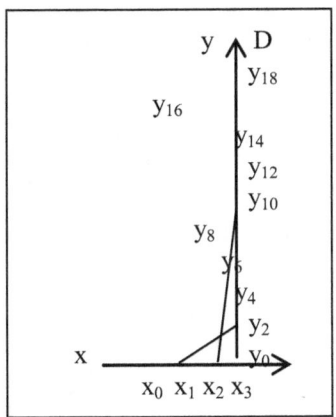

Artigos Matemáticos
Leandro Bertoldo

Artigos Matemáticos
Leandro Bertoldo

ARTIGO XXXV

CÁLCULO SEGUIMENTAL

1. Introdução

Um número seguimental qualquer é representado por:

$$p_n = n?$$

Onde o símbolo (?), representa a *seguimental*. Com relação à última expressão, de uma forma mais geral, posso escrever que:

$$p_n = (n-0) + (n-1) + (n-2) + (n-3) + \ldots + (n-n)]$$

Portanto, conclui-se que:

$$n? = (n-0) + (n-1) + (n-2) + (n-3) + \ldots + (n-n)$$

2. Definições de Propriedades

a) $n. = (n-0), (n-1), (n-2), (n-3), \ldots, (n-n)$

Por exemplo: $4. = 4, 3, 2, 1, 0$

b) .n = (n – n), ..., (n – 3), (n – 2), (n – 1), (n – 0)

Por exemplo: .4 = 0, 1, 2, 3, 4

c) n? = (n – 0) + (n – 1) + (n – 2) + (n – 3) + ... + (n – n)

Por exemplo: 4? = 4 + 3 + 2 + 1 + 0

d) ?n = (n – n) + ... + (n – 3) + (n – 2) + (n – 1) + (n – 0)

Por exemplo: ?4 = 0 + 1 + 2 + 3 + 4

e) n? . = (n – 0) . (n – 1) . (n – 2).(n – 3) . ... . [n – (n – 1)]

Por exemplo: 4? . = 4 x 3 x 2 x 1

f) ? . n = [n – (n – 1)] . ... . (n – 3) . (n – 2) . (n – 1) . (n – 0)

Por exemplo: ? . 4 = 1 x 2 x 3 x 4

O referido produto aparece freqüentemente nos problemas que envolvem o cálculo combinatório, sendo que é costume representá-lo simplesmente por n! (lê-se: n fatorial ou fatorial de n).

Portanto, posso concluir que:

$$n? \,.\, = n!$$
$$.\, ?n = n!$$

g) n: = (n – 0) : (n – 1) : (n – 2) : (n – 3) : ... : [n – (n – 1)]

Por exemplo: 4: = 4 : 3 : 2 : 1

h) :n = [n – (n – 1)] : ... : (n – 3) : (n – 2) : (n – 1) : (n – 0)

Por exemplo: :4 = 1 : 2 : 3 : 4

i) n?– = (n 0) – (n – 1) – (n – 2) – (n – 3) – ... – (n – n)

Por exemplo: 4?- = 4 – 3 – 2 – 1 – 0

j) ?-n = (n – n) – ... – (n – 3) – (n – 2) – (n – 1) – (n – 0)

Por exemplo: ?-4 = 0 –1 – 2 – 3 – 4

k) [n?]? = (n – 0)? + (n – 1)? + (n – 2)? + ... + (n – n)?

Por exemplo: [4?]? = 4? + 3? + 2? + 1? + 0? = (4 + 3 + 2 + 1 + 0) + (3 + 2 + 1 + 0) + (2 + 1 + 0) + (1 + 0) + (0)

l) ?[n?] = (n – n)? + ... + (n – 2)? + (n – 1)? + (n – 0)?

Por exemplo: $?[4?] = 0? + 1? + 2? + 3? + 4? = (0) + (1 + 0) + (2 + 1 + 0) + (3 + 2 + 1 + 0) + (4 + 3 + 2 + 1 + 0)$

m) $[?n]? = ?(n - 0) + ?(n - 1) + ?(n - 2) + ... + ?(n - n)$

Por exemplo: $[?4]? = ?4 + ?3 + ?2 + ?1 + ?0 = (0 + 1 + 2 + 3 + 4) + (0 + 1 + 2 + 3) + (0 + 1 + 2) + (0 + 1) + (0)$

n) $?[?n] = ?(n - n) + ... + ?(n - 2) + ?(n - 1) + ?(n - 0)$

Por exemplo: $?[?4] = ?0 + ?1 + ?2 + ?3 + ?4 = (0) + (0 + 1) + (0 + 1 + 2) + (0 + 1 + 2 + 3)0 + (0 + 1 + 2 + 3 + 4)$

Naturalmente existem equações seguimentais mais complicada, como as seguintes: $[(n?)?]?$; $\{[(n?)?]?\}?$ e outras, onde a ordem da seguimentais (?), caracteriza a ordem dos elementos numa distribuição equacional.

o) $k . (n?) = k . [(n - 0) + (n - 1) + (n - 2) + ... + (n - n)]$

p) $[k(n?)]? = k. [(n - 0)? + (n - 1)? + (n - 2)? + ... + (n - n)?]$

q) $k.[(n?)]? = k.[(n-0)? + (n-1)? + (n-2)? + ... + (n-n)?]$

Então, posso escrever que:

$$k \cdot [(n?)]? = [k \cdot (n?)]?$$

r) $(n?)^? = (n?)^{n?} = [(n-0) + (n-1) + (n-2) + ... + (n-n)]^{[(n-0)+(n-1)+(n-2)+...+(n-n)]}$

De um modo geral, posso escrever que:

$(n?)^{x?} = [(n-0) + (n-1) + (n-2) + ... + (n-n)]^{[(x-0)+(x-1)+(x-2)+...+(x-x)]}$

s) $(n?) \cdot (m?) = [(n-0) + (n-1) + ... + (n-n)] \cdot [(m-0) + (m-1) + ... + (m-m)]$

t) $(n?) .. (n?) = [(n-0) + (n-1) + ... + (n-n)] .. [(n-0) + (n-1) + ... + (n-n)] = [(n-0) \cdot (n-0) + (n-1) \cdot (n-1) + ... + (n-n) \cdot (n-n)]$ ∴
$(n?) .. (n?) = [(n-0)^2 + (n-1)^2 + ... + (n-n)^2]$

u) $(n?) .. (n?) .. (n?) = [(n-0)^3 + (n-1)^3 + ... + (n-n)^3]$

v) $(?n) .. (n?) = [(n-n) + ... + (n-1) + (n-0)] .. [(n-0) + (n-1) + ... + (n-n)] = [(n-n) \cdot (n-0) + ... + (n-0) \cdot (n-n)]$

Algumas das propriedades do cálculo seguimental, foram aplicadas com sucesso nos cálculos de combinações, arranjos, geometria, e na Física Nuclear.

ARTIGO XXXVI
GEOMETRIA SEGUIMENTAL

1. Introdução

A geometria seguimental corresponde a parte da matemática que tem por objetivo desenvolver métodos lógicos que venham a permitir o estabelecimento de fórmulas matemáticas aplicadas no cálculo de perímetros, áreas, volumes e número de blocos de determinado agrupamento piramidal.

2. Seguimental

Passarei agora a apresentar o conceito de seguimental que será fundamental no desenvolvimento da geometria seguimental.
Observe a definição que se segue:

$$n? = n + (n-1) + (n-2) + ... + 2 + 1 + 0$$
$$\text{Com } n \in N \text{ e } n \geq 0$$

Pode-se ler o símbolo (**n?**) como "seguimental de n"; ou "n seguimental".
Defino as seguintes verdades:

a) 0? = 0
b) 1? = 1

Observe que:

$$n? = n + (n-1)?$$
$$(n \geq 0)$$

3. Pirâmides

Estudando as pirâmides, observa-se que elas apresentam formas bem delineadas e muitas vezes bastante regulares.

Com o objetivo de estudar as propriedades das pirâmides regulares, a geometria seguimental estabeleceu alguns modelos básicos para análise, a saber: pirâmide e meia-pirâmide.

A pirâmide fica perfeitamente caracterizada pelos seguintes conceitos: degraus, patamar, escada, blocos, altura, base, etc.

4. Meia Pirâmide

Apresentarei agora o estudo da meia pirâmide inscrita num plano.

Para isso considere a seguinte figura:

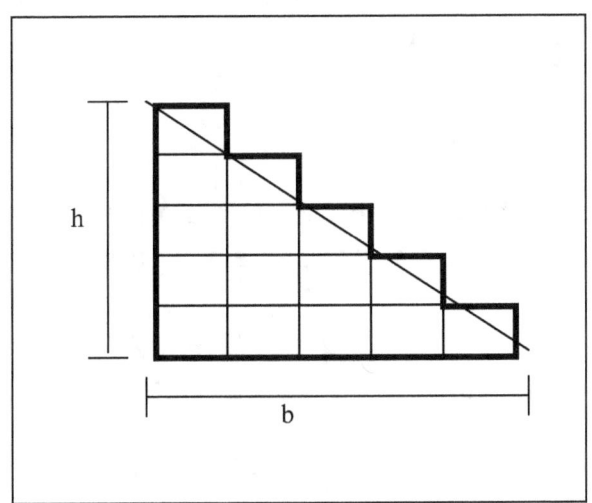

Estudando a referida pirâmide, podem-se constatar as seguintes propriedades:

a) A altura é igual à base: **h = b**
b) A quantidade de degraus é igual à altura: **d = h**
c) A escada é igual à quantidade de degraus: **e = d**
d) O comprimento da escada é o dobro da altura: **p = 2h**
e) O perímetro da meia pirâmide é a soma entre o comprimento da escada, a altura e a base: **R = 2h + h + b**. Ou seja: **R = 3h + b**. Como **h = b**, vem que: **R = 4h**
f) A quantidade de blocos da meia pirâmide é igual à base seguimental:

$$q = b?$$

g) A quantidade de blocos da meia pirâmide é igual à altura seguimental:

$$q = h?$$

h) Também se demonstra que a quantidade de blocos da meia pirâmide é expressa pela seguinte equação:

$$q = h^2/2 + h/2$$

Ou seja:

$$q = (h^2 + h)/2$$

i) Igualando convenientemente as expressões (g) e (h), obtém-se que:

$$q = h? = (h^2 + h)/2$$

Da referida expressão, pode-se concluir que:

$$h^2 = 2h? - h$$

5. Meia Pirâmide Quadricular

Considere agora a seguinte figura:

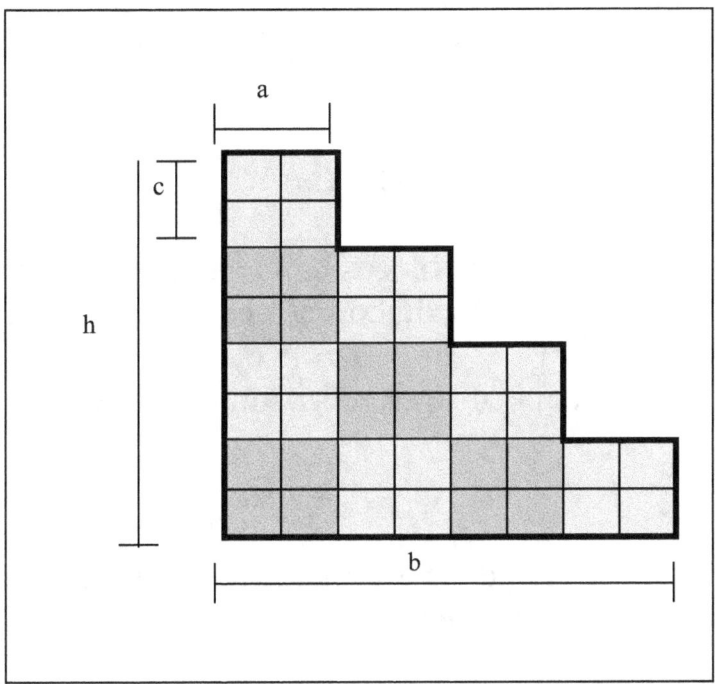

Analisando a referia pirâmide pode-se estabelecer as seguintes propriedades:

a) Cada blocão da referida meia pirâmide é constituído por quatro blocos. A quantidade de blocos no blocão é igual ao quadrado da aresta.

Simbolicamente, pode-se escrever que:

$$N = a^2$$

b) A quantidade de blocão na meia pirâmide é igual à seguimental da razão entre a base e a aresta.

Simbolicamente, o referido enunciado é expresso por:

$$Q = (b/a)?$$

c) A quantidade de blocos da meia pirâmide é igual ao produto entre o quadrado da aresta e a quantidade de blocão.

Então, pode-se escrever simbolicamente que:

$$q = a^2 \cdot Q$$

Substituindo convenientemente as duas últimas expressões, resulta que:

$$q = a^2 \cdot [(b/a)?]$$

d) A quantidade de blocos da meia pirâmide é igual à metade da base multiplicada pela soma existente entre a base e a aresta.

Simbolicamente o referido enunciado é expresso por:

$$q = b/2 \cdot (b + a)$$

Igualando convenientemente as duas últimas expressões, resulta que:

$$a^2 \cdot [(b/a)?] = b/2 \cdot (b + a)$$

e) O perímetro da referida meia pirâmide é igual ao quádruplo da base.
Simbolicamente o referido enunciado é expresso por:

$$R = 4b$$

f) A referida meia pirâmide é quadricular, portanto a base é igual à altura.
Simbolicamente escreve-se:

$$b = h$$

g) O comprimento da escada da meia pirâmide quadricular é igual à soma existente entre a base pela altura.
O referido enunciado é expresso por:

$$p = b + h$$

h) Observa-se na referida meia pirâmide que a quantidade de blocos é igual à área que a mesma apresenta.

Simbolicamente pode-se escrever que:

$$q = A$$

Logo a área da meia pirâmide quadricular é expresso por:

$$A = a^2 \cdot [(b/a)?]$$

i) Considerando que a referida meia pirâmide apresenta blocão de volume (a^3), então, o volume da meia pirâmide quadricular é igual ao cubo da aresta multiplicado pela seguimental da razão entre a base pela aresta.

Simbolicamente pode-se escrever que:

$$V = a^3 \cdot [(b/a)?]$$

j) A base da referida meia pirâmide é igual à aresta horizontal (a) multiplicada pelo número de degraus.

Simbolicamente pode-se escrever que:

$$b = a \cdot d$$

k) A altura da meia pirâmide é igual à aresta vertical (**c**) multiplicada pelo número de degraus.

O referido enunciado é expresso simbolicamente por:

$$h = c \cdot d$$

6. Meia Pirâmide Retangular

Para a próxima análise considere a seguinte pirâmide:

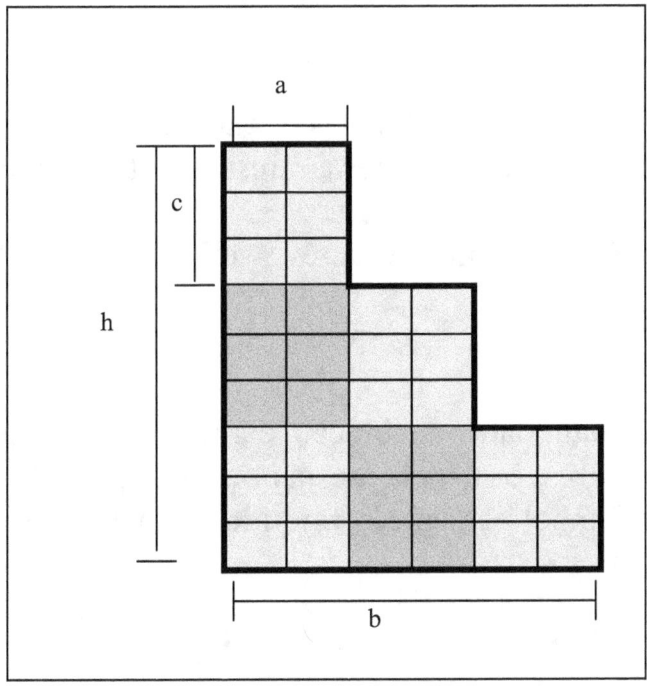

A referida meia pirâmide retangular apresenta as seguintes propriedades:

a) A meia pirâmide é retangular. Isto indica que a base é diferente da altura.

Simbolicamente pode-se escrever:

$$b \neq h$$

b) Na pirâmide retangular, o blocão apresenta aresta horizontal diferente da aresta vertical.

Em símbolos escreve-se:

$$a \neq c$$

c) O número de blocos de cada blocão é igual ao produto existente entre a aresta vertical pela aresta horizontal.

Simbolicamente escreve-se:

$$N = a \cdot c$$

d) A quantidade de blocão é igual à seguimental da razão entre a base pela aresta horizontal.

Simbolicamente o referido enunciado é expresso por:

$$Q = (b/a)?$$

e) A quantidade de blocão é igual à seguimental da razão entre a altura pela aresta vertical.

O referido enunciado é expresso simbolicamente por:

$$Q = (h/c)?$$

Igualando convenientemente as duas últimas expressões, vem que:

$$(b/a)? = (h/c)?$$

f) A quantidade de blocos da meia pirâmide é igual ao produto entre o número de blocos do blocão pela quantidade de blocão.

Simbolicamente, pode-se escrever que:

$$q = N \cdot Q$$

Como (**N = a . c**), pode-se escrever que:

$$q = a \cdot c \cdot Q$$

Como **Q = (b/a)?**, vem que:

$$q = a \cdot c \cdot [(b/a)?]$$

Como **Q = (h/c)?**, resulta que:

$$q = a \cdot c \cdot [(h/c)?]$$

g) A altura da meia pirâmide é igual ao produto entre a base pela aresta vertical, inversa pela aresta horizontal.

Simbolicamente o referido enunciado é expresso por:

$$h = b \cdot c/a$$

h) A base da meia pirâmide é igual ao produto entre a altura pela aresta horizontal, inversa pela aresta vertical.

Simbolicamente, o referido enunciado é expresso por:

$$b = h \cdot a/c$$

i) A quantidade de blocos da meia pirâmide é igual à metade do produto entre a altura pela base, adicionada com a metade do produto entre a altura pela aresta horizontal.

Simbolicamente o referido enunciado é expresso por:

$$q = h \cdot b/2 + h \cdot a/2$$

Simplificando pode-se escrever que:

$$q = h/2(b + a)$$

Igualando a referida expressão com (**f**), vem que:

$$a \cdot c \cdot [(b/a)?] = h/2(b + a)$$

j) O comprimento da escada da meia pirâmide é igual à soma existente entre a base e a altura.

Simbolicamente, o referido enunciado é expresso por:

$$p = b + h$$

k) O perímetro da meia pirâmide é igual à soma entre a altura, a base e o comprimento da escada.

Simbolicamente pode-se escrever que:

$$R = b + h + p$$

Como ($p = b + h$), vem que:

$$R = 2 \cdot (b + h)$$

Como ($h = b \cdot c/a$), vem que:

$$R = 2 \cdot (b + b \cdot c/a)$$

Simplificando resulta que:

$$R = 2 \cdot b(1 + c/a)$$

Como ($b = h \cdot a/c$), também pode-se escrever que:

$$R = 2 \cdot (h \cdot a/c + h)$$

Simplificando, resulta que:

$$R = 2 \cdot h(a/c + 1)$$

l) A base da meia pirâmide retangular é igual ao produto existente entre a aresta horizontal (**a**) pelo número de degraus.

O referido enunciado pode ser escrito simbolicamente por:

$$b = a \cdot d$$

m) A altura da meia pirâmide retangular é igual ao produto entre a aresta vertical (**c**) pelo número de degraus.

Simbolicamente, pode-se escrever que:

$$h = c \cdot d$$

7. Pirâmide

Passarei a apresentar agora o estudo da pirâmide para isso considere a seguinte figura:

Artigos Matemáticos
Leandro Bertoldo

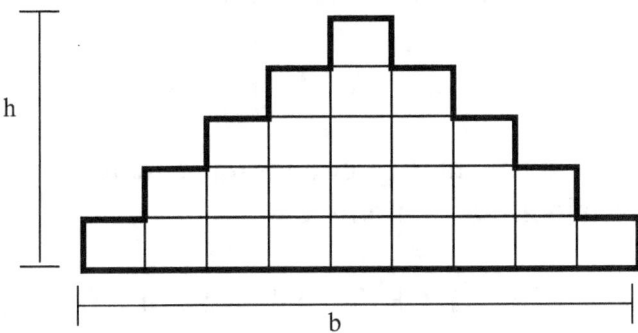

Estudando a referida pirâmide, podem-se chegar às seguintes conclusões:

a) A quantidade de blocos que formam a referida pirâmide é igual à seguimental da altura adicionada com a altura menos um seguimental.
Simbolicamente, pode-se escrever que:

$$q = h? + (h-1)?$$

b) A quantidade de blocos que constituem a pirâmide em consideração, é igual à altura multiplicada pela base menos o quadrado da altura pela diferença da altura.
Simbolicamente pode-se escrever:

$$q = h \cdot b - (h^2 - h)$$

Simplificando, resulta que:

$$q = h \cdot [b - (h - 1)]$$

Igualando convenientemente as expressões consideradas, obtém-se:

$$h? + (h - 1)? = h \cdot [b - (h - 1)]$$

c) A base da pirâmide analisada é igual ao dobro da altura menos o índice um.

O referido enunciado é expresso simbolicamente por:

$$b = 2h - 1$$

Da referida expressão infere-se que a altura é igual à base adicionada ao índice um, dividida por dois. Simbolicamente pode-se escrever:

$$h = (b + 1)/2$$

d) O comprimento da escada da referida pirâmide é igual ao dobro da base adicionada ao índice um.

O referido enunciado pode ser expresso simbolicamente por:

$$p = 2b + 1$$

e) O perímetro da dita pirâmide é igual à soma existente entre a base pelo comprimento da escada.
Simbolicamente pode-se escrever que:

$$R = b + p$$

Substituindo convenientemente as duas últimas expressões, vem que:

$$R = b + 2b + 1$$

Isto resulta que:

$$R = 3b + 1$$

Foi apresentado que **b = 2h − 1**, logo substituindo convenientemente as referidas expressões, resultam que:

$$R = 3 \cdot (2h - 1) + 1$$

Desenvolvendo o referido resultado, vem que:

$$R = 6h - 3 + 1$$

Que resulta na seguinte expressão:

$$R = 6h - 2$$

A referida equação define o perímetro da pirâmide em função da altura. Entretanto muitas vezes é conveniente definir o perímetro da pirâmide em função da base. Assim sendo, considere a seguinte demonstração:

Sabe-se que **h = (b + 1)/2**, então substituindo convenientemente as duas últimas expressões, resulta que:

$$R = 6[(b + 1)/2] - 2$$
$$R = (6b + 6)/2 - 2$$
$$R = (6b + 6 - 4)/2$$
$$R = (6b + 2)/2$$
$$R = 2(3b + 1)/2$$

$$R = 3b + 1$$

Assim tem-se uma expressão que define o perímetro da pirâmide em função da base.

8. Pirâmide Retangular

Passarei agora a estudar as propriedades da pirâmide retangular. Para isso considere a seguinte figura:

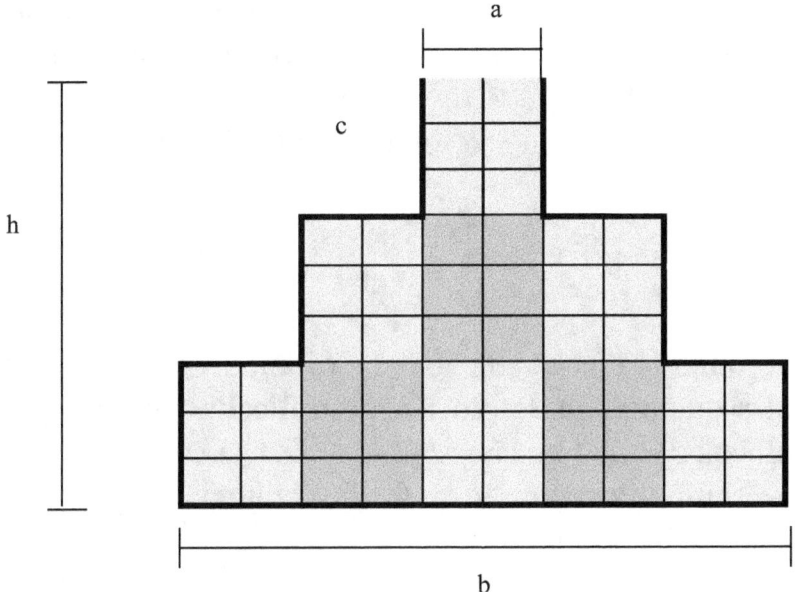

A referida pirâmide retangular apresenta as seguintes propriedades:

a) A quantidade de blocão da pirâmide retangular é igual à seguimental da razão existente entre a altura pela aresta vertical adicionada com a razão da altura pela aresta vertical menos um seguimental.

Simbolicamente o referido enunciado pode ser expresso por:

$$Q = (h/c)? + (h/c - 1)?$$

b) O número de blocos de cada blocão é igual ao produto existente entre a aresta horizontal pela aresta vertical.

Simbolicamente, o referido enunciado é expresso por:

$$N = a \cdot c$$

c) A quantidade de blocos da pirâmide retangular é igual à quantidade de blocão multiplicada pelo número de blocos de cada blocão.

Simbolicamente o referido enunciado pode se expresso da seguinte forma:

$$q = N \cdot Q$$

Substituindo convenientemente a referida expressão com aquela que foi obtida no item (**a**), resulta:

$$q = N \cdot [(h/c)? + (h/c - 1)?]$$

d) Analisando a referida pirâmide pode-se constatar que a altura é expressa pela seguinte equação:

$$h = c \cdot [(d + 1)/2]$$

e) Observa-se também que a base da pirâmide retangular pode ser expressa em função dos degraus, pela seguinte equação:

$$b = a \cdot [(d + 1)/2] + a \cdot [(d - 1)/2]$$

Ou seja:

$$b = a \cdot \{[(d + 1)/2] + [(d - 1)/2]\}$$

f) Nota-se também que a base da pirâmide retangular pode ser expressa pela seguinte equação:

$$b = h \cdot a/c + (h - c) \cdot a/c$$

Ou melhor:

$$b = a/c \cdot [h + (h - c)]$$

g) O comprimento da escada da pirâmide retangular é expressa por:

$$p = h + h \cdot a/c + h + (h - c) \cdot a/c$$

Ou seja:

$$p = 2h + h \cdot a/c + (h - c) \cdot a/c$$

$$p = 2h + a/c \cdot [h + (h - c)]$$

h) O comprimento da escada da pirâmide retangular também pode ser expressa por:

$$p = 2[(h - c) \cdot a/c + h] + a$$

i) O perímetro da pirâmide retangular é igual à soma entre a base com o comprimento da escada.

Simbolicamente o referido enunciado é expresso por:

$$R = b + p$$

Como:

$$p = h + h \cdot a/c + h + (h - c) \cdot a/c$$
$$b = h \cdot a/c + (h - c) \cdot a/c$$

Substituindo convenientemente as três últimas expressões, resulta que:

$$R = 2\{h \cdot (1 + a/c) + [(h - c) \cdot a/c]\}$$

BIBLIOGRAFIA

BERTOLDO, Leandro. *Cálculo Seguimental*. Rio de Janeiro: Litteris Editora, 2005.

BEZERRA, Manoel Jairo. *Curso de Matemática*. 28ª edição. São Paulo: Companhia Editora Nacional, 1971.

FONSECA, Jairo Simon da, MARTINS, Gilberto de Andrade, TOLEDO, Geraldo Luciano. *Estatística Aplicada*. 1ª edição, 2ª tiragem. São Paulo: Editora Atlas S. A., 1978.

GRANVILLE, W. A., LONGLEY, P. F. Smith. *Elementos de Cálculo Diferencial e Integral*. Tradução de J. Abdelhay. Rio de Janeiro: Editora Científica, 1979.

IEZZI, Gelson, DOLCE, Osvaldo, TEIXEIRA, José Carlos, MACHADO, Nilson José, GOULART, Marcio Cintra, CASTRO, Luiz Roberto da Silveira e MACHADO, Antonio dos Santos. *Matemática*. São Paulo: Atual Editora Ltda., 1974.

KOOGAN, A. *Enciclopédia Delta Larousse*. 2ª edição. Volume X. Rio de Janeiro: Editora Delta S.A., 1964.

MILNE, William Edmund. Cálculo numérico. Tradução de Flávio J. Galdieri e Ruy L. Pereira. 2ª edição. São Paulo: Editora Polígono S. A., 1968.

NAME, Miguel Asis. *Matemática Ensino Moderno*. São Paulo: Editora do Brasil S.A., 1975.

RICH, Barnett. Álgebra Elementar. Tradução de Orlando Águeda. Rio de Janeiro: Editora McGraw-Hill do Brasil, Ltda., 1971.

www.ingramcontent.com/pod-product-compliance
Lightning Source LLC
Chambersburg PA
CBHW060826220526
45466CB00003B/995